Mr.Know-All

从这里，发现更宽广的世界……

青少年科学与艺术素养丛书

探险风云

小书虫读经典工作室 编著

天地出版社 | TIANDI PRESS

山东人民出版社·济南

国家一级出版社 全国百佳图书出版单位

图书在版编目（CIP）数据

探险风云 / 小书虫读经典工作室编著. — 成都：
天地出版社；济南：山东人民出版社，2022.6
（青少年科学与艺术素养丛书；9）
ISBN 978-7-5455-7078-6

Ⅰ.①探… Ⅱ.①小… Ⅲ.①探险—青少年读物
Ⅳ.①N8-49

中国版本图书馆CIP数据核字（2022）第072440号

TANXIAN FENGYUN

探险风云

出 品 人	杨　政
编　　著	小书虫读经典工作室
责任编辑	李红珍　李菁菁
装帧设计	高高国际
责任印制	董建臣

出版发行　天地出版社
　　　　　（成都市锦江区三色路238号　邮政编码：610023）
　　　　　（北京市方庄芳群园3区3号　邮政编码：100078）
　　　　　山东人民出版社
　　　　　（山东省济南市市中区舜耕路517号11-14层　邮政编码：250003）
网　　址　http://www.tiandiph.com
电子邮箱　tianditg@163.com
经　　销　新华文轩出版传媒股份有限公司

印　　刷　北京盛通印刷股份有限公司
版　　次　2022年6月第1版
印　　次　2022年6月第1次印刷
开　　本　700mm×1000mm 1/16
印　　张　300（全20册）
字　　数　4800千字（全20册）
定　　价　998.00元（全20册）
书　　号　ISBN 978-7-5455-7078-6

咨询电话：（028）86361282（总编室）
购书热线：（010）67693207（营销中心）

如有印装错误，请与本社联系调换。

总 序

聂震宁

一段时期以来，推广阅读特别是推广校园阅读时，推荐种类大都以文学或文史类居多，即使少量会有一点与科学相关，也还大都是科幻文学和科普文学作品，纯粹的科学与艺术知识类图书终归很少。这不能不说是一个很大的缺憾。

重视文史特别是文学阅读，当然无可厚非——岂止是无可厚非，应当说是天经地义！"以史为鉴，可以知兴替"，读文史书的意义古人早已经说得很深刻，而读文学的意义更是难以说尽。文学是人学，是对人的灵魂和精神的洗礼，是对人的心性、品格和气质的滋养。中国近代思想家、《少年中国说》的作者梁启超先生曾经指出："欲新一国之民，不可不先新一国之小说。故欲新道德，必新小说；欲新宗教，必新小说；欲新政治，必新小说；欲新风俗，必新小说。"中国现代文学奠基人、著名文学家鲁迅先生年轻时认识到文学可以改善人们的思想觉悟，唤醒沉睡麻木的人们，激发公民的爱国热情，因而弃医从文，写出大量唤醒民众、震撼人心的文学作品，成为五四以来新文化运动的先驱和主将。

一个人如果在少年儿童时期阅读到许多优秀的文学作品，必将受益终生。优秀的文学作品能帮助我们树立壮丽而远大的理想，激发我们追求真理、勇攀高峰的勇气，引导我们对人生、社会、历史以及文学艺术形成深刻的理解和体悟。文学阅读不能没有，然而，科学知识的阅读同样也不能没有。科学是关于发现、发明、创造、实践的学问。科学能帮助我们了解物质世界的现象，寻求宇宙和自然的法则，研究自然世界的规律……通过科学的方法，人类逐渐掌握了物理、化学、地质学、生物学、自然以及人文科学等各个方面的知识和规律。人类的进步离不开科技的力量。科技不仅仅承载着人类未来和探索宇宙等重大使命，也与我们的日常生活息息相关。了解必备的科技知识，掌握基本的科学方法，形成科学思维，崇尚科学精神，并掌握一定的应用能力，对于少年儿童的成长具有特别重要的作用。

然而，长期以来，我国公民的科学素质都处于较低水平。相信很多朋友都还记得，2011年日本发生9.0级强地震引发核泄漏事故，竟然在我国公众中引起了一场抢购食盐的风波。更早些时候，广东和海南等地"吃了得香蕉黄叶病的香蕉会得癌症"的谣传满天飞，致使香蕉价格狂跌不已，蕉农和水果商家损失惨重。虽然事情原因比较复杂，但公民科学素质不高显然是一个重要因素。社会上时不时就会出现的因为公民科学素质不高而轻信谣言传闻的事实，也一再提醒我们，必须下大力气提高公民科学素质。

关于我国公民科学素质相对处于较低水平的说法是有依据的。公民科学素质包含具备基本科学知识、具备运用科学方法的能力、具有科学思维科学思想，同时能够运用科学技术处理社会事务、参与公共事务。按照国际普遍采用的测量标准，经过科学的调查和测量，我国公民具备科学素质的比例一直比较低，在2005年只有1.60%，2010年也只有3.27%，2015年提高到6.2%，但也只相当于发达国家20世纪80年代末的水平。经过近年来各级政府大力开展科学普及工作，2018年我国公民具备科学素质的比例达到了8.47%，与主要发达国家在这方面的差距进一步缩短。科学素质是决定人的思维方式和行为方式的重要因素，是人们过上更加美好生活的前提，更是实施创新驱动发展战略的基础。在科技日新月异、迅猛发展的今天，科技深刻地影响着经济社会人们生活的方方面面，公民科学素质已经成为国家综合实力的重要组成部分，成为先进生产力的核心要素之一，成为影响社会稳定和国计民生的直接因素。提高我国公民的科学素质，应当成为当前的一项紧迫任务。

"青少年科学与艺术素养丛书"就是为着提高我国的公民科学素质特别是少年儿童的科学素质而编著出版的。丛书由小书虫读经典工作室编著，整套图书共 20 册，其中涉及科学知识的有 10 册。

丛书的编著者清晰认识到，这是一套面向中国少年儿童读者的科学普及读物，应当在以下几个方面明确编著的思路和精心的设计。

第一，编著者主张着眼中国、放眼世界。编著的内容既要适合中国的少年儿童阅读，又要具有世界眼光，选题严格把控，既认真参考发达国家同年龄阶段科学教育的课程内容，又从中国青少年的阅读认知实际出发。

第二，编著者要求主题集中。每本书系统介绍相关主题，让读者集中掌握相关知识，在一定程度上达到专业知识完备的要求。

第三，鉴于青少年学习的兴趣需要培养和引导，编著者在坚持科学知识准确的前提下，努力让素材生活化、趣味化。科学与艺术并不是摆放在神坛上供人膜拜的圣物，而是需要通过一个个生动问题的解决来体现的。编著者希望这套图书既能够丰富少年儿童的课外阅读，让他们在快乐阅读中获取知识，又能帮助老师和父母辅导他们的课堂学习，激发他们发奋学习、勇攀高峰的兴趣和勇气。

第四，编著者力争做到科学知识与人文关怀并重。无论是书中问题的设计还是语言的表达，都要注意到体现正确的价值观、健康的道德情操和良好的审美趣味，要有利于培养少年儿童的大能力、大视野、大素质。

此外，这套图书在装帧设计和印制上下了很大功夫。装帧设计努力做到科学与艺术的有机结合，插图追求精美有趣。由于采用了高品质的纸张和全彩印刷，整套图书本本高品质，令人赏心悦目，足以让少年儿童读者在学习科学知识的同时也能得到美的享受。

在我国全民阅读特别是校园阅读蓬勃开展的今天，"青少年科学与艺术素养丛书"的出版无疑是一件值得肯定的好事。在阅读活动中，推广文史类特别是文学图书的阅读，将有利于提高公民特别是少年儿童的人文素质，而推广科技知识类图书的阅读，则将有利于提高公民特别是少年儿童的科学素质。国家要富强，民族要振兴，公民这两大素质是不可缺少的。

（聂震宁，编审，博士研究生导师，第十、十一、十二届全国政协委员，中国作家协会会员，中国出版集团公司原总裁，现任韬奋基金会理事长、中国出版协会副理事长）

推荐序

何 彦

20世纪的七八十年代，我在读小学和中学。那个时候信息与资料还比较匮乏，知识普及类图书不多，但这没有影响孩子们对自然科学和人文科学的好奇与热情。我和我的小伙伴们读着《十万个为什么》、《上下五千年》、叶永烈的科幻小说、大科学家们的故事……我们景仰着牛顿、爱迪生、居里夫人、华罗庚、陈景润……憧憬着国家实现现代化的美好蓝图，我们被知识激励，被科学家、历史学家引领，在不断学习中终于成为博学、有底蕴、眼界宽广的人。

几十年过去，出版、互联网和人工智能的发展进步使得知识的普及与传播实现了量的积累与质的飞跃。现在的孩子们是幸运的，他们面对着更为多元的知识和拥有着更为优质的学习渠道。但是，个人的时间是有限的，知识传播也呈现出碎片化的倾向，如何让这个时代的青少年全面、有效地对自然科学和人文科学有一个整体的认识，已经成了今天科普出版的重大难题。

因此，我很高兴能够看到这套图书的付梓。它选材丰富全面，但不是机械地堆砌知识，而是引导青少年读者在欣赏一个个美妙的知识细节的过程中，逐渐形成对事物整体的把握。孩子们会看到整个世界就像一个活泼的生命，它多姿多彩，千变万化，有着无尽的可能，让他们由衷地好奇、赞叹，希望亲自去探索。

人类既生活在宇宙空间里，也生活在历史中。我们来自空间和历史，也改变着空间和历史。在这套丛书里，孩子们通过对历史的了解，对科技发展的认识，不仅可以看到人类一路走来的艰辛，也可以看到人类的伟大意志和力量，并思索人类应该肩负的责任。这套丛书在传播知识的同时，也带给孩子们价值观和梦想的启迪。

培根说："知识就是力量。"好的书籍就像接力棒，把人类知识的力量一代一代地传递下去！

（何彦，清华大学化学系教授、博士生导师）

目录

第一章
穿越大洋的冒险与发现

I

第二章
到过"天尽头"的探险狂人

第三章

海盗传奇

第四章

神秘宝藏

第五章
名传千古的骑士

第六章
城堡中的历史

穿越大洋的冒险与发现

在远古时期，人们对自己身处的世界完全不了解。地球是方的还是圆的？种族生活聚集区之外的区域是什么样的，那里是否会有同类出现？是否真的有数不尽的财宝？种种谜团等待着人类去解开。正是这种种疑问，促使人类祖先开始了最原始的探险。探险是人类认识世界和了解世界最直接的方法，几乎是一种本能的存在。对世界的认识，对知识的渴求，激励着一批又一批的探险家源源不断地涌向陌生的世界。前进、前进、再前进，哪怕前面是一路荆棘，哪怕前面是高山深壑，哪怕前面是汪洋大海，依然不能阻止人们前进的脚步。探险的路途是曲折的，但探险家的认识和发现为整个人类文明的推进注入了新鲜血液。

　　从早期的人们骑上偶然落入水中的原木开始漂流时，他们对海洋的探险就已经开始了。在一望无际的大海上，举目千里，除了偶然相遇的两条船之外，再也寻不到一丝人迹。每一天的航行几乎是前一天航行的重复，这样的探险似乎没有尽头。就在快要坚持不住的时候，前面突然出现了一片陆地，是的，发现了"新大陆"！无数次的叹息、无数次的奋斗、无数次的沉默都是为了此刻，都是为了填充人类地图上的空白。这是一个人类探险史上空前绝后的大发现时代，一个个伟大的探险家横空出世，他们的探险目的各有不同：或是为了寻找财宝，或是为了开拓殖民地，或只是为了发现未知的大陆。无论如何，再也没有比这样的发现更能说明人类开发的能力了。那些最初的发现者、伟大的探险家，也已经成为勇敢、富有奉献精神和牺牲精神的代名词了。伴随着他们的探险，人们慢慢地形成了一个关于地球的整体观念。

什么是探险

什么是探险？你有没有想过这个问题？一起来看看吧！

通常，探险被看作是到从来没有人去过或是很少有人去过的地方考察（自然界的情况）。哥伦布发现新大陆、"红胡子"埃里克发现格陵兰岛等，都是广为人知的探险故事。由于科学技术的发展和历史的车轮滚滚向前的推进，在这个地球上人们没有去过的地方已经不多了，发现新地方的机会也很少了，出现大探险家

▼ 探险

的可能性越来越小。然而人们未知的区域不仅仅在地球表面，基础的地理探险随着科技的发展也慢慢演变成多方位、多角度的探险。探险的区域由地球发展到太空，由地表发展到地下，由海洋表面发展到海洋深处。除了这些地理探险，根据不同的目的可将探险活动分为军事探险、科学探险以及文化探险、发掘文物和冒险旅行等。

无论哪种探险，都是对未知的探索和发现，都需要具备毅力和勇气。从这个意义上讲，我们每个人都在探险：探索我们未知的人生，创造独一无二的人生价值。在这种探险中，每个人都是探险家，都需要拿出勇气和毅力面对一切。

人们为什么爱探险

人类文明史上涌现过一批又一批的探险家。人们为什么要探险？是什么促使人们不断地向未知世界宣战，哪怕是付出生命的代价？一位探险家曾经说过，探险最吸引他的就是能够在地图的空白之处填上内容。他说的只是一种表象，其实探险的背后还有着深刻的意义。

事实上，可以把爱探险看作是人类生物学意义上的一种遗传。有生物学家认为，探险的习性源于史前时期，当时地球上生活着两类原始人：一类爱好安稳的定居生活，另一类则乐于冒险、向外拓展新的天地。安稳定居者小心翼翼，只会在定居地周

▲ 洞穴探险

围活动，得到的食物也始终只来源于栖息地附近，食物品种很少；而冒险开拓者虽然冒着很大危险，但是由于积极进取，更容易获得美味的果蔬和种类繁复的猎物，所得食物比较充足。后者更容易在地球上生存下来，成功哺育后代的概率也更大，他们更有能力应对复杂的自然环境。经过大自然的优胜劣汰，安稳定居者逐渐被淘汰，而拥有探险基因的爱探险的这类人最终在人类发展过程中占据了主导地位。

早期探险最重要的工具是什么

自从人类出现后，探险活动就从没有间断过。一路上，人们发现了很多河流、山脉、沼泽，发现了新大陆，开辟了连接各个大陆的航线。而从一个大陆到另一个大陆，是要跨越海洋的。于是，人类最初的探险活动就离不开船只了。

考古发掘表明，大约一万年前人类就开始在海上航行了。一个偶然的机会，落入河流的树干给了人们制作船只的灵感。骑在原木之上，人类向远处漂流。后来人们把原木加多，一根一根绑起来，就组成了木筏，不但载重量增加了，而且更坚固了。加上帆布，就可以凭借风力漂流得更快，而把木筏前端弄得扁平就可以减小阻力，使行进速度更快。

在人们把木筏的原料由木头变成莎草或者芦草后，人类的航程就更远了。因为这样的原料不怕水泡，比较耐用。后来人类把原木挖开，就做成了独木舟。但是研究者发现，还是芦草船更耐

▼ 玻利维亚提提卡卡湖边用芦苇制作的传统龙舟

用，船身面积广，不怕风浪。于是科学家就认定，人类是乘坐着这样的船只，完成了最初的航海探险。

小贴士

公元前 2900 年前后，古埃及人最先使用帆船，之后帆船一直在人类的探险活动中占据着重要地位。通过交通工具，人类认识了世界，到达了更远的地方，并有了更多伟大的发现。

早期的探险家是怎么认识地球的

在古代历史上，关于"地球是什么形状"这个问题，人们长期争论不下。事实上很早以前，即便是探险家们对地球的形状也是所知寥寥，其中还不乏错误的认识。

据考证，最早对地球状况进行研究的是希腊的学者，其中一位是一个叫泰勒斯的希腊商人。他除了善于经商，对几何学、磁学等也很精通。在他眼中，地球是在水中游动的转盘。跟他来自同一个国家的阿那克西曼德也认为地球是一个在水的包围之下的圆盘。他还认为太阳东升西落，不会掉进地球的大洋中，否则太阳就会熄灭。所以他推测太阳是藏在东山之后的，而山名不为人

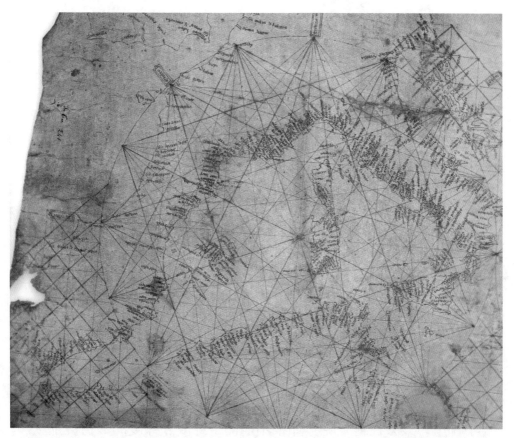

▲ 比萨航海图（局部）

知，当太阳在山那边运行的时候就是地球的黑夜。同属希腊的另一位地理学家同时也是探险家的希罗多德认为地球虽然是在水的包围之下，却是平坦的。而且他认为尼罗河水位冬降夏升，是因为冬季冷风迫使太阳沿着较南的路线在河面正上方移动，离河面较近使得河水蒸发较快，导致水面较低；而夏天则沿着较北的路线，尼罗河水蒸发较慢，导致水面较高。而公元前 5 世纪的柏拉图认为地球是宇宙的中心，他的学生亚里士多德也很赞同这一观点。

小贴士

事物的发展总是由低级到高级，由落后到进步，由错误到正确。人类在科学探究的道路上，走些弯路是正常的。

早期的探险家是怎样在海上测量距离的

早期的探险是在海上。在一望无际的海洋之上，目之所及都是汹涌的波涛。在这样的环境中，探险家们怎么知道自己行走到了哪里，该去往何处呢？如果不能测定经度和纬度的数值，那么探险家们就很容易迷失在茫茫大海上。那么，他们是如何测量纬度的呢？

提到测量纬度，就绕不开喜帕恰斯，据推测，正是他于2200年前发明了测量纬度的仪器——星盘。许多海上探险都离不开它，甚至有的船只还以它命名。喜帕恰斯把圆分为360等分，他并不知道早在他之前苏美尔人就已经把圆等分成360度了。他用经纬线把地球"绑"起来，计算出地球每小时旋转大约15度，从而发现了时区。星盘就是依据这样的原理。其制作也很简单：将圆分为360度，用绳子穿上指针挂在船上即可。用星盘测量北极星与地平线所成的角度，就可以计算出所在之处的纬度。埃拉托斯特尼计算出了地球周长，知道了两点的经、纬度就能比较容易地计算出两点之间的距离。有了这些方法，探险家们就方便规划探险行程，绘制大概的航海图。

小贴士

利用星盘测量纬度、计算距离的方法虽然并不能非常精确，但是对于早期探险者而言已经是非常有帮助了。而且星盘制作简单，价格低廉，很快就得到了广泛应用，成了探险者探究世界的好帮手。

◀▼ 星盘

格陵兰岛为何取名"绿色的土地"

　　格陵兰岛是世界上最大的岛屿，位于北美洲东北部，是仅次于极洲大陆冰川面积最大的区域，大约有81%的地方覆盖着皑皑白雪。"格陵兰"是Greenland的音译，意思是"绿色的土地"。为什么这样一个冰雪岛屿会被取名为"绿色的土地"呢？

　　说到格陵兰岛，就不得不提一个绰号为"红胡子"的人——埃里克。埃里克本是冰岛的居民；冰岛是个文明之邦，向来崇尚礼节，而埃里克却凶猛好斗，一次因谋害了一位居民而被驱逐出境。同他一起离开的还有他的亲朋好友，他们以前听说过新大陆的存在，于是就团结一致，向着传说中的大陆前进。

▼ 埃里克

▲▼ 美丽的格陵兰岛

路途并不是一帆风顺的。当他们看到大陆的轮廓时，大部分同行者已被大风吹散，很多亲人也就这样走失了。最后，剩下的人们到达了这个新大陆。跟传说不同的是，他们眼前的世界分明是个世外桃源。开满野花的绿草地上还有低矮的树木，跟前辈所说的白雪覆盖的世界完全不同。于是他们就定居下来，埃里克给这个岛屿取名为"绿色的土地"。

小贴士

也有人说，这个温暖的名字背后暗藏心计。埃里克到达目的地后，看到的确实如传说一样，到处是积雪，很少能看到人迹。为了吸引更多的人来此地，埃里克就给这个岛屿起名"绿色的土地"，意为土地富饶。这样，果然有很多人慕名而来，并定居于此。

迪亚士是怎样到达好望角的

好望角最初被称为"多难角"。因为之前的人们以为，赤道地区就是一个沸腾的锅炉，只要一到赤道，人立刻就会被晒成黑炭。去赤道的途中还有一个难过的关口——好望角，这里有一股强烈的洋流经过，涡流卷起浪花，就像刚刚烧开的水一样。每当探险队经过这个地方，队员就会非常紧张，强烈要求返航。因此，好望角一直以来都是卡在探险队喉咙上的刺，很难绕过。

较早到这个地方探险的著名的航海家有葡萄牙人迪亚士。迪亚士出身于航海世家，祖父和父亲都是资深航海家。受祖父影响，迪亚士自幼就很喜欢探险，并积累了一定的航海经验。为了开辟通往印度的新航线，西欧的探险家都对好望角颇感兴趣，很多人争相前往探险，但都无果而回。迪亚士也跃跃欲试。1487年，他率领两艘全副武装的舰船和一艘补给船，沿着非洲西海岸向南而行。快要到达好望角时，船长设法使得队员们无法知道自己所处的地方就是好望角，船才得以悄然驶过且没有引起惊慌。

▼ 好望角

直到船只靠岸，队员们才知道海水根本没有被"烧开"，心理障碍也就此被清除。1488年3月，他们在非洲最南端的石崖上刻下了葡萄牙国王的名字。当年12月，船队经过大约一年半的航行之后，安全返回了故土。

这次探险，是葡萄牙寻找新航线的重大突破。迪亚士的探险为葡萄牙另一位航海家达·伽马开辟通往印度的新航线奠定了深厚的基础。

哥伦布为什么要向西航行

克里斯托弗·哥伦布是人类历史上最为出色的海上探险家之一。他于1451年出生于意大利，父母是西班牙人。哥伦布没有受过正规的教育，但从小就很懂事，总帮助父亲干活儿。14岁时，他在船上帮工，到过爱琴海和地中海东部。他仔细研究过天文学和航海学，读过很多书，而且拥有丰富的航海经验。

哥伦布曾和意大利的天文学家、地理学家通过信，谈到自己要探索印度大陆的计划。他认为只要人们一直向西航行，就一定能够到达另一个半球大洋彼岸的国家。之所以要向西航行，是因为托勒密的世界地图中测量并不准确，但哥伦布却以此为依据，这是时代所限导致的问题。

他把计划上交给葡萄牙国王，但因有人从中阻挠，计划被退回。有些人把他看作口若悬河的骗子。而当时西方国家对东方物

◀ 哥伦布

▼ 哥伦布探险船队中的"平塔号"复制品

品如丝绸、瓷器和茶叶、香料以及黄金等的需求依赖于传统的陆路运输，哥伦布的计划会打破传统运输者的垄断局面，导致这些人也从中阻拦。所以哥伦布不得不从西班牙出发开辟新航道。

哥伦布又去请求西班牙的资助，得到了西班牙教会和贵族的支持，受到了国王的接待。西班牙国王任命委员会探讨他的计划，计划却被搁置了 4 年。他又想方设法依靠弟弟的人脉关系而谋求英、法等国的资助，但也无功而返。哥伦布没有放弃，经过20 年的努力，最后，西班牙国王同意了他组织探险队的计划。

就这样，哥伦布带领着他的探险队，带着给印度君主和中国皇帝的国书，按照计划向西出发了。这是一个伟大的开端，等待着他们的不是目的地印度，而是一个"新大陆"。

哥伦布经历了怎样的探险过程

大概在哥伦布的探险队出发 70 天后，他们看到了第一块陆地。1492 年 10 月 12 日，对于探险队来说是一个值得庆贺的日子。经历过强劲洋流迷失方向的打击，经过了危险重重、步履维艰的马尾藻海滩，他们第一次见到陆地，哥伦布称这块陆地为"救世主"。陆地上的土著居民对他们非常友好，他们以为自己到达了印度，实际上这里是现在的圣萨尔瓦多。探险队员们紧紧盯着当地人穿在鼻孔上的金条——这是西班牙国王准许他们探险的条件，必须找回黄金。由于返航时遭遇暴风雨，哥伦布只带回了几只鹦鹉、6 名土著人和少量的黄金。西班牙国王难掩失落感，但哥伦布说服国王允许自己进行第二次探险。

　　事实上，此后他又进行了三次探险，分别是在 1493 年、1498 年和 1502 年。无论从规模还是结果来看，第二次的探险都是最重要的。这次，探险队的方向比上一次向南偏了 10 度，他们利用风力，20 天就穿越了大洋。这次探险，哥伦布下令征服土著人，残忍地捕杀善良无助的居民，并把他们带回去出售。同时他一口咬定自己找到了印度，并强制随行人员签署看到印度的协议。第三次探险，他们是去证实前两次发现的大陆。哥伦布返程

▼ 哥伦布登上美洲大陆

后被控告为"吹牛家"和"说谎者"，被逮捕后又被释放。第四次探险，他带上了自己的儿子费尔南多，带上了当地向导，却因为遭遇最强劲的风暴而耽误了行程。突然在一块海岸边船舶转向后，逆风变成了顺风，他们到达了巴拿马海峡。这一次，大陆被发现了。

小贴士

哥伦布的大半生都是在精彩纷呈的探险生涯中度过的，他的功绩是空前却又备受争议的。他开始了大航海时代，开创了新大陆的新局面，同时也开启了罪恶的殖民新篇章。

美洲是以发现它的人来命名的吗

哥伦布的成功让整个欧洲都沸腾了，大批的实干家、探险家都追随他的脚步前往美洲。吸引他们的是金子——从善良、单纯的土著居民那里可以轻松地得到金子。当然，并不是所有人都是抱着这样的目的，其中就有美洲的命名者——阿美利哥。

哥伦布一生都坚信自己到达的是印度，而他的探险记录只供王室成员阅读，大众根本无法得到。而一位佛罗伦萨的探险家

于 1507 年 4 月出版了阿美利哥非常重要的两封信：《新大陆》和
《第四次航行》，号称发现了新大陆，而对于哥伦布，连一个字
都没有提到。根据阿美利哥的描述，世界地图上的格局完全被改
变，于是年轻的地理学家马丁建议以阿美利哥的名字命名美洲。
在哥伦布发现新大陆的 15 年后，"美洲"这个名字才被写入书
中。阿美利哥生动地描写了作者到达新大陆时的所见所闻，包括
温暖适宜的气候，从没有见过的奇妙植物，以及当地居民怡然自
乐的生活态度。阿美利哥所说的新大陆，简直就是天堂所在。

◀ 阿美利哥雕像

阿美利哥早前只是一个银行的小职员，几乎无任何积蓄。他参加探险队，经历重重困难，对南美洲东部沿岸进行了细致的考察，并编写了地图。每次航行归来，阿美利哥都要给他的出版商朋友写信。直到他死之后，他的出版商朋友以他的信件为素材而编写的图书才正式出版。阿美利哥甚至不知道以自己的名字命名的书会引起欧洲的骚动。

"鲁滨孙"费尔南多·洛佩斯 在哪个岛上独立生活过

鲁滨孙是《鲁滨孙漂流记》中的主人公。这本书讲的是主人公在荒无人烟的孤岛上勇敢生存的故事。在海洋探险史上，真的有这样一位"鲁滨孙"，主动请缨在一个小岛上独自生活，他就是第一位生活在赤道以南的欧洲人——水手费尔南多·洛佩斯。

1502年5月，葡萄牙国王派去印度的探险队突然在大西洋的中部发现了一个小岛。因为当天是圣赫勒拿日，人们就以"圣赫勒拿"命名这个小岛。圣赫勒拿岛之所以出名，是因为欧洲人是由它开始移居南半球的。费尔南多本来计划是要回到祖国的，但当他经过这个小岛时就毅然决然地要留下来。他请求船长让他下船。船长见他执意如此，只好同意，并送给他蔬菜种子和小麦种子。于是，这个自愿充当"鲁滨孙"的探险家就在岛上定居了。他独自生存，日出而作，日落而息，经过辛勤培育，他的蔬菜和小麦长势非常好，这里的土地慢慢变得富饶起来。后来，葡萄牙的探险家们经常光顾这里，每次都能得到费尔南多的慷慨供给，岛上的储备也日渐丰富。俄国人的探险队也经常来考察这个小岛，或者从这个岛上得到供给。

小贴士

赫赫有名的拿破仑皇帝也曾在圣赫勒拿岛上生活过。他于 1815 年滑铁卢之战失败后，被流放于此，直到 1821 年死去。

▶《鲁滨孙漂流记》
首版中鲁滨孙的形象

达·伽马是怎么到达印度的

　　哥伦布发现通往印度的西部航线之后，葡萄牙国王非常着急想要占领东方的商路，就下令探险队去印度。领队的不是到达好望角的迪亚士，而是当时一位默默无名的年轻人——达·伽马。这次探险使得达·伽马名垂青史。

　　队员中除了水手和士兵外，还有死刑犯。达·伽马避开了逆流，大大提高了船速，船员们也没有被神秘的赤道地区吓破胆。但最大的困难在于，在海上 4 个月都没有看到海岸，船员们由于长时间得不到新鲜水果而患上了坏血病。后来，他们在一个岛上靠岸，得到了大量水果，并逐渐康复。随后，利用季风，他们绕过浅滩和暗礁，来到了印度海岸。这时他们的船只破损已经

▼ 1969 年葡萄牙发行的纪念达·伽马的银币

很严重了，队伍也因坏血病减损过半。行至好望角，达·伽马的哥哥也死于这种疾病。埋葬了哥哥后，达·伽马返航。他被誉为"民族英雄"，因为他完成了最艰难的远航。通往印度的航线找到了，最初的贸易联系也建立了。此后的贸易往来船只，一直沿着这条航线营运了400多年。

在第一次航行之后，达·伽马又进行了两次探险。第二次探险他做过海盗，抢劫船只。国王不满他的做法，下令他回到故乡。直到新国王继位，他才被允许组织第三次探险。第三次探险有一段路程不顺利，许多水手对坏血病非常恐惧，有一只船上的船员发生了暴动，脱离队伍成了海盗。达·伽马到达印度后，在印度的一座城市建立了自己的统治中心。1524年，50多岁的达·伽马死于疾病。

谁是第一个环游地球的人

人们认为地球是圆形的，但是从来没有人能够通过自己的探索来证明这一点。当哥伦布发现新大陆，认识到世界是一个紧密联系的整体之后，人们便迫切地想用自己的双脚去丈量这个世界。第一个实现这个想法的是麦哲伦。

麦哲伦出生于1480年，他的家庭是一个葡萄牙没落的骑士家庭。虽然他并不富有，但是能够接近王室。参军之后，他跟随军队去过非洲等地探险，拥有丰富的航海经验。24岁开始航海，

30 多岁时在北非参加战争，腿上落下了残疾。此时的他不只是一位战士，还是一位航海老手。这个外表冷漠的人，并不会像其他人那样追名逐利，他一心一意想着自己的环球航行。他向葡萄牙国王提出探险方案，被国王驳回。于是他放弃国籍，抵达西班牙，又向西班牙国王提出自己的环球方案。西班牙国王被他的气质和才华打动，同他签署了探险协议。

1519 年 8 月 10 日，麦哲伦率领着由 5 艘探险船组成的队伍出发了。这注定是一次不平凡的航行。葡萄牙国王得知他的计

◀ 第一个环游世界的
葡萄牙探险家——麦哲伦雕像

划，非常担心西班牙会超过自己，就派人伺机搞破坏，在队伍里安插内奸。此行非常艰难，途中经历了一言难尽的磨难。即将完成首次环球航行的时候，麦哲伦非常兴奋。他们在一个小岛上靠岸，麦哲伦插手了附近小岛的内讧。在双方的战斗中，伟大的探险家麦哲伦被大斧砍死了。

一个探险巨星陨落了，但是他计划的航行并没有因此搁浅，埃尔卡诺继承了他的遗志带领船队继续前行。1522 年 9 月 6 日，探险队返回西班牙，人类史上首次环球航行结束了。虽然麦哲伦没能亲自完成计划，但无论是计划的制订还是实施都离不开他的努力与坚持，麦哲伦当之无愧是环游地球第一人。

麦哲伦在航行中遭遇了什么艰险

麦哲伦的航行是很困难的，其间的经历也是很吸引人的。我们来看看这个注定不平凡的队长有着怎样不同凡响的智慧。

首先是内乱。麦哲伦出发后的第二年，船队进入南美洲。此时的南美洲是寒冬时节，天寒地冻，探险队的口粮不足，队员们情绪低落。于是有 3 艘船上的船长联合反对麦哲伦，要求与麦哲伦谈判。麦哲伦假意派人去谈判，却暗中杀了叛乱的船长，解决了内乱危机。

再往前走，考验他们的是"麦哲伦海峡迷宫"。海域被冰雪覆盖，船只在这样的海面上航行非常危险。麦哲伦并不知道自己

▲ 菲律宾宿务岛的麦哲伦十字架，及其在岛上传扬天主教的屋顶壁画

▲　麦哲伦海峡

离目的地已经很近了，做出了错误的判断，下令队伍停留两个月，静等春天来临。但最终他的内心还是战胜了犹豫，调整队伍重新出发，在海峡狭窄的山系间穿梭。麦哲伦的机智和经验使他们绕过了暗礁和浅滩，经过 30 多天的迷途，船队终于找到了出口。

　　但等待他们的是更多的困难。接近出口时，大家觉得幸福的时刻终于来临了。正要欢呼时，他们发现最大的"圣安东尼奥"船不见了。于是四处寻找，但是丝毫没有发现它的踪迹。只有一种可能，那就是船只逃了回去。更糟糕的是，粮食大都储存在这只船上。在剩下的 100 多天内，他们吃的是已经长满蛆虫的面包末，喝的是浑浊的发臭的黄水。最后，他们不得不吃老鼠，还有捆绑用的牛皮绳，甚至是木头屑。

　　这一路是多么艰难啊，但是麦哲伦一直没有放弃，直到最后丢掉性命。

亚马孙河是依据什么命名的

美洲被发现后，人们急于探索这个新世界，其中有很多发现，包括对世界第一大河的发现。在南美洲有一条著名的河流——亚马孙河，是世界第一大河，总流量比尼罗河、长江、密西西比河的流量总和还要大。你知道亚马孙河的名字是怎么来的吗？

1541 年，著名冒险家皮萨罗的弟弟贡萨洛率领一支庞大的探险队伍去寻找黄金之国。这支队伍翻山越岭，来到一片沼泽地带，这里到处充满危险，队员们随时都有失去性命的可能。队员们忍受饥饿的同时还面临着疾病肆虐的危机，每天都会倒下上百人。贡萨洛决定返回，但在这之前需要储备粮食，于是他就派了由奥雷亚纳领头的小分队沿河寻找食物。可是贡萨洛空等了很

▼ 亚马孙河

久，那支小分队中没有一个人返回。贡萨洛只得带领其他人匆匆上路。

半年之后，他们收到了已回到故乡的那支小分队的报告。原来奥雷亚纳一行乘着小舟沿河漂流时，被湍急的河流冲到了更为宽广的河面上。在河面上漂流了 10 天之后，他们才发现了一个有人的小村庄，但是回去的路已经难以分辨了。他们逆流而上，来到一处看不到两岸的河流之上。报告中还说到，他们曾经被袭击过。发起袭击的是当地部落里的女勇士，她们个个都大高个子，皮肤白皙，手持弓箭进攻。后来他们好不容易才得以脱身。这使他们联想到了古希腊神话中的"亚马孙女战士"，就把袭击者比作亚马孙，也将这条宽广的大河命名为"亚马孙河"。

探险家是怎样发现佛罗里达州的

佛罗里达的意思是"鲜花盛开的地方"。佛罗里达州位于美国东南部，那里气候适宜，风景迷人。洁白的沙滩，耀眼的阳光，茂密的棕榈树，一切都让人流连忘返，不禁让人感叹给它取名字的人是多么的睿智啊。探险家发现佛罗里达州的过程也是一个美丽的故事呢！

佛罗里达州的发现与西班牙胡安·彭斯·德里昂息息相关。他曾参与哥伦布向西航行的探险——是第二次航行的参与者。他从印第安人那里听过有关"不老泉"的传说，在比米尼岛

▲ 温暖的佛罗里达

上有一种能让人永葆青春的"圣泉"。于是国王下令胡安带队找到了"圣泉",并占为己有。

　　胡安带领探险队于 1513 年出发。水手们曾在不同的水里游过泳,却没有一种水能让他们变年轻。复活节时,他们发现了一处神秘美丽、气候宜人的地方,于是就把这里命名为"佛罗里达",意为"鲜花盛开的地方"。探险队为了找到不老泉,就继续出发了。他们发现一股洋流急转向北,给那里带去了温暖。这就是墨西哥湾暖流,是佛罗里达州温暖宜人的直接原因。

葡萄牙探险家在拉布拉多半岛有什么发现

　　拉布拉多半岛位于北美洲,在加拿大东部。它是北美洲面积最大的半岛,也是世界第四大半岛。岛上有很多湖泊,人口并不

▲ 拉布拉多半岛

▼ 因纽特人

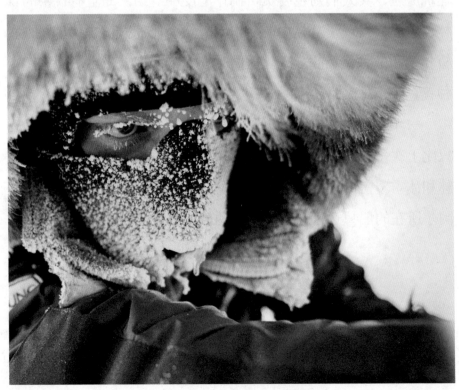

多。除了在温凉的夏天，其他时候地表都是一片冰雪。所以岛上居民多从事捕鱼、打猎和加工毛皮等工作。拉布拉多半岛为什么会被前人命名为"耕种者的家园"呢？这还要从头说起。

英国"皇家海盗"到北美洲探险，取得了一些成就。葡萄牙人听说之后，害怕自己海上霸主的地位受到威胁，于是赶快派出了自己的探险队也前往北美洲。1500 年 6 月，加什巴尔·科尔基利阿尔率领两艘船出发去北大西洋。出发前，葡萄牙国王还给他颁发了一纸证书，证明他拥有发现和找到一切大陆的权利。他来到拉布拉多半岛，以自己的名字命名，在葡萄牙语中意为"耕种者的家园"。船上的水手们在岛上发现了当地的因纽特人。他们的生活方式与水手们的生活方式完全不同：男人们负责打猎和建筑房屋，女人们则主要负责制作毛皮和缝纫。岛上有茂密的森林，水手们发现了丛林中的劳作者，认为他们很适合被带回去种植林木和做种植场的奴隶。返回时，探险家们就带走了一些"耕种者"和一对白熊。

一年之后，探险家们再次来到拉布拉多半岛考察。这次的船只比上次多了一艘，他们带走了更多的因纽特人，以及这个被森林和冰雪覆盖的神奇小岛的资料。只是在返回的时候，科尔基利阿尔所在的船只远远落后于其他两艘船，最后甚至消失了。1502 年，科尔基利阿尔的弟弟米格尔去寻找消失的船只，也在途中消失了。

巴伦支海的命名是为了纪念谁

在俄罗斯的北方有一个神奇的地方，这里海水清澈透明，南部海域终年不冻。你甚至能够看到可爱的海豹及北极熊们和它们稚嫩的小宝宝在水里嬉戏，在北冰洋终年白雪覆盖之地显得那么与众不同。这片海域就是巴伦支海，其名字是为了纪念一位探险家，一位为航海事业献身的探险家——巴伦支。

当英国人在开辟通往中国的航线上苦苦努力之时，一位年轻的探险家巴伦支也开始了他的探险，但前两次并没有什么建树。1596 年，巴伦支开始了他生命中的第三次探险。巴伦支的探险队顺利通过了巴伦支海没有冰封的海域，并继续向北。6 月 19 日，他们看到了一座尖顶山脉，命名为"斯匹次卑尔根"。巴伦支带

▼ 巴伦支海

33

队探险的这次航行，还刷新了人类北进的新纪录，到达了北纬79°39′的地方。队伍从这里分成两队。巴伦支带领一队艰难地穿越冰层，他们是第一批在北极过冬的欧洲人。这里异常寒冷，并且还有来自北极熊的攻击。巴伦支鼓励大家顽强生存下去，然而自己却已是病入膏肓。队员们普遍面临着坏血病的威胁，巴伦支也不例外。1597 年 6 月，巴伦支死在一块浮冰上。按照传统，他的尸体被投入了大海。

直到 1871 年，一位挪威的航海家再次来到巴伦支过冬的地方探险，很偶然地在烟囱里发现了当年巴伦支藏在那里的一份手稿，里面还有非常精确的航海地图。这为以后的探险家们提供了非常有价值的参考。巴伦支死后 250 年，人们以他的名字给北冰洋位于斯匹次卑尔根和新地岛之间的海域命名，以此纪念这位卓越不凡的探险家。

探险家哈德逊的结局如何

探险家并不总是都能安然归来，并得到大家的掌声和鲜花，拥有令人羡慕的光环。有的会像巴伦支那样在探险中献出自己的生命，还有的结局更是令人难以预料，比如哈德逊。

亨利·哈德逊是英国的一名船员，1607 年就职于英国的莫斯科公司。哈德逊负责找到直接通向日本的北线。哈德逊的两次探险都发现了鲸鱼，这引起了西方世界的捕鲸热潮，但是并没有给莫斯科公司带来什么经济效益，因此他被公司解聘了。哈德逊转而去了荷兰的东印度公司，而等待他的是同样的任务。哈德逊尝试走西北线到达太平洋，但仍没有完成目标。后来，他在东印度公司的同时又受聘于莫斯科公司。这次他得到了一艘"发现号"船和二十几名船员。1610 年 4 月，哈德逊又开始了探险。这次他带上了自己年幼的儿子，不曾想这次探险竟成了他人生中最后一次探险。"发现号"在冰冻的航道上行驶，风暴甚至能吹裂冰层。哈德逊继续前行，此时海湾变得很狭窄，船员们非常不满，想要返回。哈德逊把肇事者赶下船，任凭他们在岛上自生自灭。这次，坏血病没有袭击他们，燃料、食物也够充足，哈德逊满心期待春天来临，计划再次寻找海峡。此时，船员们再也坐不住了，暴乱又开始了。不过，这次被赶下船的是队长哈德逊、他的儿子以及坚持追随他的几名军官。

暴乱者什么都没有给他们留下，没有武器，甚至没有粮食。他们的结局不得而知。人们都认为这位执着的探险家丧生在了他所追求的梦想之上，于是以他的名字命名了哈德逊湾、哈德逊郡、哈德逊海峡及哈德逊河。

谁是在勒拿河探险的第一人

有一条河流流经俄罗斯，被称为"勒拿河"，是世界第九长河。这条河流域很广，地势、地形变化多端，各处天气情况也各有不同。东部地段非常寒冷，冬天的勒拿河东段是地球上除南极洲外最冷的地方。尽管环境如此恶劣，依然有很多探险家去那里探险、考察，而有记录第一个去那里探险的人是皮扬达。

皮扬达本名叫杰米德·萨夫罗诺夫，皮扬达只是他的绰号。1620 年，皮扬达率领一支 40 人的探险队乘着小船沿着河道前进。水道很窄，两岸峭壁相连，接天蔽日，很难通行。探险队决定在这里过冬，并建立过冬据点，其间几次同当地人发生冲突。第二年夏天，他们行驶了没多久，就不得不再次建立过冬据点，谁知浮冰阻碍了他们前行的脚步。1623 年春，一行人乘船顺水而下，水流湍急，浮冰依然顽强地伴随着他们的行程。山陡然峭立，行程艰难，但他们还是顺利通过了。之后，河面变得宽阔，他们来到了雅库特人的村庄，探险队不敢在陌生的地域过冬，只得返回当年建立的过冬据点。他们到达安拉加河，这时已是深秋，河水还没有结冰。皮扬达沿着河流考察了 1500 千米水段，几乎到达了叶尼塞河，直到河面结冰。

▼ 勒拿河

皮扬达的此次探险持续了 3 年多的时间，他是第一个考察勒拿河的探险家。此次探险也为以后的探险家发现贝加尔湖奠定了基础。

贝加尔湖是怎么被发现的

被称为"西伯利亚明眸"的贝加尔湖是世界上最深、亚欧大陆最大的淡水湖，其中淡水的储量占世界淡水储量的 20%。这样一弯月牙形状的深湖不但容量大，而且清澈透明、景色优美。汉朝时期苏武牧羊的故事就发生在贝加尔湖畔。这么个大湖是怎么被发现的呢？

皮扬达考察了勒拿河之后，探险家对这片河域又做了多次考察，人们慢慢地把目光聚焦到美丽的贝加尔湖周围。最先到达贝加尔湖的是库尔巴特·伊万诺夫，他于 1643 年 7 月率领一支大约 74 人的探险队来到此地。他们发现了湖中的一座小岛。他自己留在湖边继续考察，派遣了一小队人马沿着湖岸向更远的地方探索，去向是安加拉河流入湖口的地方。入冬后，这一小队人马不畏严寒，又沿着冰面来到巴尔古津河，在那里，探险队遭遇了当地人的抵抗，全军覆没。而伊万诺夫在贝加尔湖做了考察，并绘制了地图记录详细情况，可惜的是后来地图丢失了。

之后又有很多伊万诺夫的老乡乘船来此，沿着冰面考察。1647 年 5 月，伊万·波哈博夫组织了一支 100 人的大队伍来到

▲ 冬天的贝加尔湖

▼ 伊尔库茨克城

这里。他们走遍了贝加尔湖，并于 1661 年在安加拉右岸建立了一座城堡，后来发展为伊尔库茨克城。

小贴士

　　夏日的贝加尔湖晶莹透明、璀璨夺目，但冬日的贝加尔湖则被冰雪覆盖，无论是乘船还是步行都很艰难。一批又一批的探险家们不畏艰难来到此地探险，是他们的努力让世人了解了这个迷人的地方。

谁证明了亚洲和美洲并不相连

　　1724 年，彼得大帝成立了彼得堡科学院。为了证明他认为亚洲和美洲相连的臆想，彼得堡科学院成立后的第一项任务就是"沿着陆地北上，找到它与美洲相接的地方"。他把这个光荣而艰巨的任务交给了一位天才探险家——时年 44 岁的维他斯·白令。白令原籍丹麦，在俄罗斯服役 20 多年，中学毕业后去了当时被视作最好的阿姆斯特丹海军士官学校，22 岁时就沿着达·伽马航线完成了去印度的航行。他过人的胆识深受彼得大帝赏识。

　　白令率领 400 名探险队员乘坐 25 辆雪橇，带着重达 1600 吨的装备出发了。夏天乘坐大木筏和小船,冬天则顺冰而行,走过无人之地,穿过雪山冰原来到鄂霍次克。一路上遇到了重重困难,有人倒在漫天风雪中再没能站起来,有人偷偷逃跑一去不回,在最后的行程中探险队粮食短缺,人们不得不杀马充饥。这一切并没有吓退白令,忠于职守的探险家还是坚持到了最后。1728 年,白令一行来到卡姆察卡东海岸。然后,他们又一路向北穿过今天的白令海、白令海峡。在白令海峡的尽头,一眼望出去只是白茫茫一片,大家欢呼雀跃,他们认为他们确证了亚洲和美洲并不相连,中间隔着海洋。由于天气原因,白令及其探险队并不知道白令海峡其实很狭窄。

1730 年 3 月,白令结束行程返回圣彼得堡,但政府部门认为白令及其探险队走得不够远,所以并不认可探险队的成果,甚至连报酬都不支付。

▼ 白令海峡

探险家白令死在了哪里

俄国海军部和科学院后来让白令绘制西伯利亚北部和东部海岸的地图。1733 年，集合数百名探险队员的队伍出发了，队员们开始了漫长的探险行程。

1741 年 6 月，两艘满载探险队员的船一同出发了。白令担任第一艘船的船长，参加过首次探险的阿列克谢·奇里科夫担任第二艘船的船长。在开始的第一个月，两艘船相伴而行，但走着走着就失散了。

白令的"圣彼得号"7 月中旬再次通过海峡，比奇里科夫的"圣保罗号"晚了一个月。正值夏天，海峡对岸雄伟的阿拉斯加山脉正在眼前。这下白令确信自己身处的是一个海峡，也再次确定了两个大洲是被一个狭窄的海峡隔断。此时白令正在为整个探险队的命运担忧，他并不清楚自己所在的具体位置，也无法判断另一艘船的遭遇。更糟糕的是，他觉得自己的身体有了毛病，有了坏血病的症状。他们继续西行，发现了一座并不大的小岛。他没有上岛，而是派了一些队员上岸取淡水，并同意一位博物学家带人上岸考察的请求。考察只进行了 10 个小时，他们发现了一些鸟类，但没有来得及做进一步考察，因为队长白令归心似箭，他预感探险队将要面临灾难。返回的途中他们又发现了一些小岛，这时有队员因为坏血病死去。11 月初，风暴将船推入一个无

41

人认识的小岛，大家只得在此过冬。队员们上岸挖了窑洞，此时已有 20 人死去。白令在洞中躺了一个月也去世了。

1742 年"圣彼得号"幸存的队员返回，他们的队长却被留在了岛上。为了纪念他，人们把他长眠的小岛称作"白令岛"，把他发现的海峡称为"白令海峡"。白令的探险成就，点燃了俄国人的扩张热情。

毕比的探险和其他海洋探险家有什么不同

毕比是英国著名的自然学家，同时也是探险家。多数探险家从事的都是海面以上的探险活动，而毕比却特立独行，在海底探险中大显身手。他是怎么做到的呢？

海底是一个神秘的世界，如果没有防护装置的保护，深海的水压能使人变得神志不清。那怎么才能深入海底呢？要利用什么样的装备才合适呢？毕比正在发愁的时候，一个名叫奥蒂斯·巴顿的年轻工程师走进了他的生活，并带来了自己设计的图纸。图上有一个空心钢球，被绳子吊着沉入水底。他们就按照图纸的设计制造出了一个空心金属球潜水器，有两个小小的石英板观察窗。

1934 年，毕比和巴顿一起组织了探险队，开始进行深海探险活动。金属球潜水器被放在海面上，慢慢沉入海中。第一次下潜，金属球潜水器就下沉到了海面下 3620 米的深处。回到地面

▲　毕比发明的金属球潜水器

后，他们对潜水器进行了改装。第二次下潜，他们到达了海面下4500 米左右的深处。从观察窗看向外面，四周是一个看不远的世界，在探照灯的照射下有一种朦胧美。这是人类最早的深海探险活动。后来，毕比还创作了一本关于海底探险的书。

　　毕比的这次海底探险大大激发了人们对海底这个未知世界探

险的兴趣，从此，探险家们纷纷进入这个领域，创造了一个又一个世界纪录，使人们对海底世界的了解也越来越多。

徐福的探险在寻找什么

徐福是秦始皇时期的一个著名方士，即方术士。据说他是鬼谷子先生的弟子，通晓多门知识，医学、天文、地理、航海等都不在话下。

秦始皇时期，方士待遇通常都很好，徐福也算是皇帝身边的红人。他上书给秦始皇说海中有三座仙山——蓬莱、方丈和瀛洲，而且山上有神仙居住。于是秦始皇就派遣他率领童男童女数千人，准备好必需的物资后出发去探险了。但是他们寻找了很久，也没有找到神仙。后来，他又告诉皇帝说海上有鲛鱼作乱，请求支援。皇帝派人射杀了大鱼。可是从此之后，徐福就杳无音信了。

徐福到底去寻找什么了，现在人们对这个问题依然没有达成共识。总的来说，有三种看法：第一种，最广泛的说法是求仙药。秦朝时期方术很流行，作为方士，为秦始皇寻求不老之药是很有可能的；第二种，有一部分人认为，他是为了逃避灾乱，有学者认为秦始皇实施暴政，让很多人不满，徐福作为知识分子，很有可能表面上去寻找仙药，而实际上是效仿陶渊明《桃花源记》里的人去寻找世外桃源了；第三种，还有一部分人则认为秦始皇是为了开发海外，开拓疆土，于是派懂得航海之术的徐福前去探索，以扩大版图。

徐福的探险之旅究竟在寻找什么？争论仍在继续，研究也没有止步。但他的探险精神和探险行为在中国探险史上留下了浓墨重彩的一笔。

▼ 人间仙境——蓬莱山

第二章

到过"天尽头"的探险狂人

在众多探险家中，有的是为了同远方的人交流学习，将文明的种子四处传播，而不得不遇水涉水、遇山翻山；有的则是规划良久，做好准备特意向高山挑战，向人类极限挑战。前者如法显、玄奘等大师，后者诸如征服珠穆朗玛峰的那些勇士。在人类的探险历史中，他们都是可歌可泣的探险先驱，很多人为此付出了生命，他们的探险精神至今仍激励着一代又一代的人。当然还有一些，他们的探险是掠夺式的，穿峰绕山为的是将文物归于自己的囊中，如窃取敦煌莫高窟藏经洞中文化瑰宝的那些掠夺者。

"唐僧"究竟去了哪里取经

　　无论是在小说还是在电视剧中,《西游记》里的唐僧都要经历九九八十一难。每当有人问他去哪里,他总会说:"贫僧自东土大唐而来,前往西天求取真经。"你可知道,这个唐僧虽然是小说虚构的人物,他的故事却是有事实依据的。

　　唐朝有一位叫玄奘的僧人,确实去"西天"取过佛经。他没有出家之时,姓陈名祎,是今河南偃师人。他是书香世家出身,父亲做过县令,后来辞官归隐潜心研究儒学。他有两个兄长,长兄早夭,另一个哥哥在洛阳净土寺出家,擅长讲经,号长捷法师。他11岁时跟随哥哥入寺学习佛经,之后在洛阳剃度为僧,多年后开始讲习佛经,深受人们推崇。因为熟读经、律、论三藏,所以被人尊称为"三藏法师"。后来他四处游学,一览众僧风采。看了众多翻译来的经书,听了众多僧家的讲经之后,他觉得大家的争论都是建立在各自的派别之上的,并不是真正的佛典中的意思。于是他就下定决心,前往佛教中心,去探究真正的佛典的本源。

　　唐太宗贞观三年(公元629年),玄奘从当时的都城长安出发,经过今天的甘肃,穿过玉门关,直抵西域。从今新疆哈密,经过吐鲁番,翻越穆苏尔岭,穿越今天乌兹别克斯坦境内,走过阿富汗,最后从巴基斯坦到达印度。他在印度游学5年,同那里的学者辩论，讨论佛教典籍，直到公元 645 年才回到长安。

　　他回到长安后就埋首于整理翻译佛经的工作之中，还将中国的经典著作《老子》等翻译成梵语传到印度，为中印两国的文化交流事业贡献了力量。

◀ 玄奘西行

"唐僧"取经的路上，身边有四位徒弟吗

　　小说《西游记》中，有会七十二变的孙悟空、好吃懒做的猪八戒、吃苦耐劳的沙僧以及任劳任怨却总被忽视的白龙马。那么在历史上玄奘的身边，是不是真的有这四位徒弟呢？

　　公元 627 年，玄奘就已经下定决心，上书给唐太宗，请求皇帝批准他西行取经，但没有被允许。所以玄奘的出行其实是私行，皇帝并没有像电视剧中演的那样亲自为他送行。当玄奘来到吐鲁番的高昌王城时，高昌国王与他结拜成兄弟，并苦苦相留。可是玄奘为了求取真经，决意继续前进。国王没有办法，只好派出一些比较可靠、能吃苦的人护送他到达印度。这些人并没有像

▼《西游记》年画——拾金钗

孙悟空那样精于法术，但是像他那样机警，像猪八戒和白龙马那样善于负重，像沙僧那样吃苦耐劳。这一路上虽然没有妖魔鬼怪，但是路途并不好走。没有路标，没有指示灯，只有他们一行人的沉默和一串串驼铃声。遇到沙漠时缺粮少水，遇到高山时大雪封山；在途中，其中几个随从被冻死在山路上，但这些艰难险阻都没有吓倒玄奘。最后他还是九死一生到达目的地，取得了真经返回故土。

归国之后，他不仅翻译经典，还亲自口述让另一位僧人辨机记录当时的探险过程，写成了《大唐西域记》一书。这是研究印度等地古代历史地理不可多得的珍贵资料。公元 664 年，玄奘去世，据说当时给他送葬的人多达百万，替他守孝的也有三万，可见他的影响力之大。

马可·波罗的中国之行是怎样的

1299 年，一本关于东方世界的游记在西方世界引起了极大的轰动。人们争先恐后地阅读传奇探险家的中国之行见闻录，书里面所讲的中国简直就是人间天堂，满地都是黄金、丝绸和珠宝。这本书描写的正是马可·波罗的中国之行，而书中的主人公彼时还在狱中。关于他的事迹还要从头说起。

马可·波罗的父亲尼古拉·波罗和他叔父在他出生前结伴出去做珠宝生意，一路颠簸辗转来到中国。在中国他们受到了忽

▲ 纸币上的马可·波罗

▼ 马可·波罗拜见忽必烈

必烈的接见,并被赐予金牌,保证二人可以安全回到故乡。他们回到了家里,那时马可·波罗已经长成一个健壮的小伙子。二人便决定带着 17 岁的马可·波罗重回中国,朝见忽必烈。

1271 年,三人来到黑海转向东行,越过亚拉拉特山,穿越俄罗斯境内的山区。一路上他们看到了石油、喷泉,并一一记录下来。他们穿越青藏高原,来到新疆,并从大沙漠的南端绕过去。他们曾连续行进 10 天而没有停下来烧火做饭,渴了就喝马血。他们就这样辛苦地走了三年半的时间,大概有 13000 千米的路程。最后,马可·波罗一行终于来到元朝的首都。

1275 年,马可·波罗在父亲和叔父的陪同下见到了忽必烈,并留了下来。在中国的 17 年间,他游历了很多地方,考察收集了很多资料,把中国的辽阔与富有详尽地记录在他的日记中。1292 年,马可·波罗三人被允许回国,他们走海路,绕过越南,到达锡兰和印度,最后进入中东。1295 年,他们终于回到了故乡意大利。

归国后不久,马可·波罗在战争中被俘入狱,人们看到的《马可·波罗游记》是他在狱中口述,经过一名名叫鲁斯蒂谦的作家整理之后流传于世的。

考察石灰岩地形的第一人是谁

石灰岩地形又称喀斯特地形,是石灰岩受地下水长期溶蚀而形成的地质现象。喀斯特地形非常奇特，有的是石林状，有的呈石桥状，有的呈峰林状，有的呈石蛋状，还有的呈馒头状。总之，大自然的鬼斧神工在这里体现得淋漓尽致。中国的喀斯特地形是世界上面积最大的，被申报成为世界自然遗产。这一自然奇观存在这么久以来，首先对其进行考察的就是中国古代著名的地理学家、旅行家徐霞客。

徐霞客是明代人，出生在今江苏江阴市，名弘祖，号霞客。中国西南地区石灰岩分布较为广泛，徐霞客就在湖南、广西和云南等地考察，对喀斯特地形做过细致的考察和记录。他甚至考察了100多个石灰岩洞。有一次，他听说有个飞龙洞，就和当地向导明宗和尚约好一同考察。他们手持火把照路，洞中小路崎岖，无人通行，有的地方水深及人。明宗和尚屡次劝说让他回去，但他并未被说服，继续前行。手中的火把不太亮了，他也不在意；

▼ 桂林喀斯特地形

鞋子走掉了,也无所谓。直到火把完全熄灭,他才往回走。

每次考察之后,他并不就此罢休,而是抓紧时间把每次所见都翔实地记录下来,哪怕白天进行考察后已经很疲惫,他也不会放弃记录。他的每篇考察记录既准确又生动,科学价值和文学价值都很高,读起来朗朗上口、口齿留香。他对喀斯特地形的考察既是中国最早的,也是世界最早的,在他去世之后的100多年,欧洲人才开始关于喀斯特地形的考察工作。徐霞客是当之无愧的考察石灰岩地形的第一人。

被誉为"千古奇人"的徐霞客 "奇"在哪里

明代旅行家徐霞客有一个响亮的称号——"千古奇人",这个"奇"到底奇在哪里呢?徐霞客出身于江苏的一个书香门第,他自幼就喜欢历史、地理和探险游记之类的书籍。他年少时有一个远大的目标,那就是游遍中国的名山大川。

后来,他先后到江苏、安徽、浙江、山东、河北、河南、山西、陕西、福建、江西、湖北、湖南、广东、广西、贵州、云南共16个省进行游历,足迹遍布大半个中国。这是第一奇。他的这些考察都是在没有政府资助的情况下,由自己独力完成的。在30年的游历生涯中,他基本上是靠步行来完成所有考察之举的。他经常游走在危险的边缘,28岁那年,他来到雁荡山,打算去山

◀ 徐霞客雕像

◀ 雁荡山

顶上的大湖一探究竟。当他到达山脊处时，那里的地形陡峭如刀削，看不到可以行路的地方。当他发现悬崖上有个小平台时，心生一计：用布带子吊着自己往下去。结果当他到达平台时，发现无法再继续往下，只能往上爬。在向上爬的途中布带子意外断了，幸好他及时抓住了岩石才救了自己一命。像这样惊险刺激的考察经历还有很多，他所去的地方很多都令常人望而却步。这是第二奇。第三奇则在于他所经一处，用简单的工具测量和观察得到的数据跟今天用高科技工具测得的数据相差很小，令人不禁称叹他的神奇。

他的考察记录在整理之后有 240 多万字，可惜很多记录都已经淹没在历史的长河之中了，无法重见天日。不过后人根据各处留下的星点记录整理成的《徐霞客游记》一书，依然有 60 万字。他每天的考察记录都是文学和科学完美融合的经典，这更是一奇。

探险家是怎么发现楼兰古国的

楼兰是中国古代的一个小国，位于中国的西部。法显和玄奘的游历记录中都提到过这个国家。至少在公元 4 世纪，这个文明富饶的国家还是沙漠中的一道美丽的风景，4 世纪之后它竟然神秘地消失了。直到 100 多年前，人们才知道它的存在。当我们踏上楼兰这片土地时，会看到它残存的 1600 多年前的遗迹，那些经历过时光洗礼的陶片和佛像诉说着这里当年的繁华阜盛。那么，这个谜一样存在着的古国又是怎么被发现的呢？

1900 年 3 月，这是一个平凡的日子，维吾尔族农民埃尔迪克也像前一天一样给一个外国人当向导。这个淳朴善良的农民气定神闲地赶着驴子往前走时，发现自己常用的工具不在身边。他向雇主说明原因之后就往之前停留过的地方匆忙赶去。途中，他低下头仔细寻找工具。就这样，他发现了一个不同于自己的工具的木雕。非常奇怪的是，他从来没有见过这样的东西。他把自己看到的情况跟雇主说了，雇主跟他一起来到那片土地，只见地面上散布着精美的木雕、钱物、织物等。因为当时的饮用水已经不够了，他们只好先返回驻地。

1901 年 3 月，那个外国人再次来到发现木雕的地方，经过一个星期的发掘，这里出土了一系列文物，从出土的古书中人们发现了"楼兰"一词，所以就以此命名这个地方。而这个发现使得这位外国人名声大噪，他就是瑞典的探险家斯文·赫定。随后，英国人斯坦因、日本人橘瑞超等先后来到这处遗迹再次进行发

▼ 楼兰古城

▲ 1973 年瑞典发行的斯文·赫定纪念邮票

掘，他们的探险是带有强盗性质的掠夺式发掘，但是也给日后的
楼兰探险奠定了基础。

探险家是怎么发现敦煌莫高窟藏经洞的

　　莫高窟藏经洞是敦煌莫高窟第 17 洞窟的通称。公元 11 世
纪，为了躲避战火，莫高窟的僧众们把寺院保存的经卷、文书、
档案以及佛像画等都封存在这个洞内，并在外面绘上壁画掩人耳
目。后来僧众外出躲避战祸未归，洞内的文物随之也被人遗忘，
深闭洞内 800 年。

　　1900 年，莫高窟的道士王圆箓意外发现藏经洞之后，这批

珍贵文物得以重见天日。当时的清朝政府在战火中奄奄一息，无暇顾及这些文化瑰宝，但这里却吸引了西方文化强盗们的目光。差不多同时，楼兰古国遗址横空出世，英国人斯坦因向英国政府递交探险计划书，到中国考察楼兰遗址，并将范围扩大至敦煌。1907 年 3 月，斯坦因来到敦煌，请了一个名叫蒋孝琬的师爷当翻译。一天，他们来到莫高窟，此时王道士外出未归。5 月，斯坦因再次来到藏经洞，向王道士说自己是来拍摄莫高窟壁画的，没有提及藏经洞一事，并说明自己愿意提供善款修缮洞窟，希望能看到一些写卷。斯坦因说自己是玄奘的信徒，是一个来此取经的洋和尚，以此来得到王道士的好感，慢慢接近藏经洞。后来王道士拿出一些写卷让斯坦因看。临走时，斯坦因拿出一些钱送给王道士，让他修缮洞窟，并带走一部分写卷。16 个月后，这些无比珍贵的文物就安然躺在了大英博物馆。从此，藏经洞文物被盗窃掠夺流散的悲惨命运拉开了帷幕。

斯坦因在结束他的第二次中亚探险后，写下了《沙漠契丹废址记》。该探险记录于 1912 年在伦敦出版发行，1921 年他的正式报告《西域考古图记》得以出版。1914 年斯坦因再次来到敦煌，又一次掳走了大量藏经洞中的文物。

1908 年，精通汉学的法国人伯希和也从藏经洞盗走了数以万计的珍品。1924 年，美国文化强盗华尔纳更是用特殊的化学溶剂，剥走了非常珍贵的 26 方壁画。此外，俄、日等国的文化强盗们也从莫高窟盗走了大量的文物。

被悉心保护下来的 5 万多件藏经洞文物最后只剩下了 8000 余件被当时的清朝政府运回北京，藏于京师图书馆中。

▲ 莫高窟内景

▼ 莫高窟外景

第一位依靠徒步和骑车环游世界的人是谁

　　20 世纪 30 年代的中国，处在兵荒马乱的时代。当时中国人被帝国主义讥称为"东亚病夫"。就在这个时候，有位中国人依靠徒步和骑车的方式，历时 7 年，环游世界一周，一雪"东亚病夫"之耻。这个人就是潘德明。

　　潘德明 1908 年出生于浙江，从小就机灵活泼，上进好学。1930 年，22 岁的潘德明在南京经营着自己的西餐厅。一天，他在翻看报纸时，无意中看到发表在报纸上的一篇宣言——几个

▼ 人类历史上徒步环游世界第一人潘德明

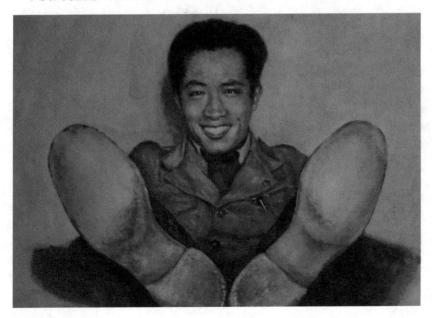

年轻人成立"中国青年亚细亚步行团",立志走出亚洲。他当即决定放弃餐馆生意,加入该团。8个人组成的探险队顶着严寒酷暑,一路风尘仆仆来到越南。队员们的脚上都磨出了血泡,腿也肿成了柱子,还有人意志不坚、体力不支掉了队。最后只剩下潘德明一人踽踽独行。他买了一辆自行车,按照计划继续行进。他带着自己制作的《名人留墨集》,沿途拜访名人。一路上在他的本子上留言鼓励他的人有诗人泰戈尔、印度总理尼赫鲁、圣雄甘地、美国总统罗斯福等1200多个个人和团体,他们用几十种不同的文字见证着潘德明的行程。在野兽遍布的森林里,他遇到猛虎出没时,就使用铜锣吓跑老虎以脱险;走在沙漠中,除了狂沙和饥渴的侵袭外,他还遭遇了强盗,甚至连身上的外衣都被劫走了;在澳洲他差点儿成为土著居民的盘中餐。这些困难都没有吓倒他,更没有令他的意志有丝毫的动摇。

1937年,潘德明终于结束了他的环球探险并回到上海。当时的中国正国难当头,他把汇聚了世界各地华侨心意的10万美元全数捐献给了中国的抗日事业。

第一位冬季孤身征服"食人峰"的女探险家是谁

"食人峰"并不是真的会吃人的山峰,而是一座位于阿尔卑斯山脉的山峰——艾格峰。它的海拔有3970米,因为地势险峻而闻名于世。慕名前往的探险家有 45 位永远地埋葬在了它的脚下，所以当地人和登山探险家都称它为"食人峰"。

这样一座"吃人"的山峰，很多人一听到它的名字都躲着走，而有一位女探险家却向它发出了挑战。她就是法国高山探险家卡特琳娜·德斯蒂维尔。她向世人公布了自己的挑战计划，在当时引起了极大的轰动。她要在冰雪封冻的冬季，孤身一人征服艾格峰。人们都以为她疯了，这样的条件连体格健壮、训练有素的男性都很难掌控，更不要说一个柔弱女子了。

1992 年 3 月 9 日，德斯蒂维尔来到艾格峰脚下，铁了心要开始她的探险之旅。刚开始攀登没多久，艾格峰就突然"变脸"，狂风暴雨一阵猛下。冰冷的峭壁如刀削一般，她的身体只能紧紧地贴着峭壁才能不掉下去。刺骨的冰冷透过衣服一阵阵向她袭来，脚下就是万丈深渊，但德斯蒂维尔没有回头，她只能祈求石

▼ 艾格峰

缝没有完全被冰雪封死，以让她固定冰钎的时候稍微容易一些。快到中午时，她来到著名的"死亡营地"——这里就是很多探险家遇难的地方。这一带的岩石冰冻严重，冰块断裂，稍不留意就会失足坠入山谷，粉身碎骨。她小心翼翼地攀行，头顶传来悬崖上的石头直往下掉的簌簌声，幸好落石没有砸到她。这样的攀登，每走一步都要用尽全身力气，令人精神万分紧张。

艰难的攀登长达 16 个小时，每一分每一秒过得好像都很漫长。最后，德斯蒂维尔终于来到了山顶，征服了"食人峰"，成为世界上第一位在冬季孤身攀登艾格峰的女探险家，创造了新的探险纪录，给人以鼓舞和激励。

日本探险史上的开创性人物是哪一位探险家

有一位杰出的探险家，在日本的探险史上占据着重要地位，是一位具有开创性意义的人物。他是登上珠穆朗玛峰的第一个日本人，一生实践了无数探险计划，创造了很多探险奇迹。他就是日本探险家植村直己。

1941 年出生在日本兵库县的植村直己，在那个多山的地区生活到高中毕业，后考入东京明治大学农学系。植村直己参加了学校的登山队，他的整个大学生涯基本上是在山中度过的。1964 年毕业时，他计划去国外旅行。在国外，他一边工作，一边进行登

▲ 麦金利峰

山活动。1966 年 7 月，他孤身成功登上海拔 4810 米的欧洲西部最高峰——勃朗峰；当年 10 月他成功登上了非洲最高峰——海拔 5892 米的乞力马扎罗山；1968 年 2 月，他又成功登上了南美洲最高峰——海拔 6962 米的阿空加瓜山；1970 年 5 月，他与队友一起登上了珠穆朗玛峰。同年 9 月，他又登上了阿拉斯加的麦金利峰。在几年时间里，他逐一登上了五大洲的最高峰。这时的他并没有满足自己已经取得的成绩，而是决定横穿南极。为了锻炼在极地生活的能力，他在世界最北端生活了一年；在格陵兰岛，他徒步行进了 3000 千米。1978 年，他又乘坐雪橇来到北极点，成为世界上第一个孤身到达北极点的人。这些都是为穿越南极做的准备。1984 年，冬季的寒风凛冽而来，他觉得正是锻炼自己的时候，此时重登麦金利峰正好可以为横穿南极打好基础。

但不幸的是，这一次这位勇敢的探险家永远地留在了麦金利山中，再也没有回来。

探险家南森使用了什么交通工具前往极地

19世纪80年代，人们对于北极还不是很了解，相关的地理研究和科学研究还在进行中。但是探险家们已经迫不及待地想要到达北极点，他们摩拳擦掌、跃跃欲试，去往北极点的探险比赛正在如火如荼地进行着。

◀ 弗里德持乔夫·南森

1882 年，美国军官阿道夫斯·格里利到达北纬 83 度，创造了北极探险所达区域的新纪录。而探险家弗里德持乔夫·南森也对北极点产生了浓厚的兴趣，他要打破格里利的这个纪录。南森于 1888 年乘滑雪板穿越了格陵兰岛，对格陵兰岛内陆进行了考察，返回后做出了一个大胆的决定：他要利用冰流靠近北极点。

北极到处是浮冰，这种状况对于船只的航行来说是一个巨大的威胁。这些看似松散的浮冰，如果被风流吹动，就会互相碰撞，形成非常强大的挤压力。若碰到温度骤降的情况，浮冰会形成一个巨大的整体，这种力量会把船只碾成碎片。所以，南森需

▼ 北极探险船

要的船只必须足够结实，才能完成漂流。人们认为这个计划只有疯子才能想到，因为太难实现了。尽管如此，南森还是得到了造船经费，造出了一艘非常特别的船，并有一个可爱的名字——"弗雷姆号"。"弗雷姆号"外形短而粗，不漂亮，但是很实用。圆形的船体裹了厚厚的橡木、北美松和樟木，这些装备足以使"弗雷姆号"抵抗结冰的压力，破冰而出。

1893 年 6 月，一切准备就绪，南森和他的探险队员们乘"弗雷姆号"离开陆地。船只在冰上漂浮，一路上他们看到了北极特有的风光。可这艘航船的速度是被动地依靠洋流的力量来实现的，我们心里不禁会有个疑问：他们能顺利到达北极点吗？

探险家南森是如何从北极返回的

1895 年，探险家弗里德持乔夫·南森和他的队友约翰森在去往北极点探险的路程中遇到浮冰无法继续前行，于是不得不返回。看着来时所走过的冰面，他们的心几乎都要碎了，全无来探险时的那种高昂兴致。他们艰难地从挡住去路的冰浪上找出了一条回程的路。此时已经是 5 月份，冰面上已经有了裂痕，稍不留意人就会陷到冰窟窿里。因此，一路上他们都很小心翼翼。

食物也消耗得差不多了，雪橇犬们更是饥饿得不成样子。好在不久他们猎到一些海豹，暂时解决了饥饿的问题。可当他们走到来探险时下船的地方，却没有了"弗雷姆号"。于是，他们不得不在北极地区度过第三个冬天。1896 年，在岛上过完冬天后，他们又启程了。途经一座小岛时，他们听到了狗吠声，南森非常激动，他断定那里一定有人居住。这一年来，除身边的同伴约翰森外，他还没有见过其他人。这时，一个陌生人出现在他面前，还和他打招呼。原来南森眼前的这个人正是英国的探险家费雷德里克·杰克逊。杰克逊早就想象过和他的相遇，甚至带着南森妻子和挪威国王给南森的信。只是他万万没有想到眼前身着肮脏破烂衣服、头发油成黑色、行为举止像个野人的人正是他要找的南森。

南森和约翰森随后搬进了杰克逊的营地，最后他们搭乘挪威货船回国——国人都以为他死在了北极。不久后"弗雷姆号"也顺利归国。探险家南森虽然没有到达北极点，但是他的英勇探险的魄力和坚持不懈的精神值得我们尊敬。

▼ 南森与杰克逊在北极相遇

第一位到达北极点的人是谁

探险家南森的北极探险之行，给挪威人带来了振奋和鼓舞，人们北极探险的热情像火一样被点燃了。很多挪威探险家都想完成南森的北极探险之行，最终到达北极点，不过最后完成南森梦想的却是一位美国探险家——罗伯特·皮尔里。

罗伯特·皮尔里1856年5月6日出生在美国宾夕法尼亚州，1881年在海军服役时担任土木工程师。年轻时，他随职务调动而四处游历，一直非常向往格陵兰岛。1886年，皮尔里对格陵兰岛进行了探测，并深入格陵兰岛内陆。1891年，他组织探险队对北格陵兰岛进行了探测，发现了当时世界上最大的陨石，该陨石后来被保存在美国自然历史博物馆中。

随后的12年间，皮尔里从来没有间断过他热衷的探险。1905年，50岁的皮尔里被冻掉了8个脚趾，但他学会了像爱斯基摩人那样生活，掌握了冬季在极地生存的技能。1906年7月，他带领一支探险队伍起航去北极，随行带着100多条雪橇犬。他们派出的先遣分队沿路立营，建造冰屋，储备粮食。但是这次，他们的船只损坏严重，于是不得不暂停探险之行。1908年7月，皮尔里再次率探险队出发。1909年4月，他到达距离北极点只有241千米的地方。据皮尔里自己讲述，他于4月6日到达北极点，并把美国国旗插在那里，还称自己从北极一边到另一边滑雪，无

▲ 库克和皮尔里争夺"北极探险第一人"

论风从哪个方向吹来都是南风。当皮尔里返回时，却被告知一年前的 4 月，他的助手库克就已经到达过北极点。关于库克和皮尔里谁是到达北极点的第一人的问题，探险界一直就有纷争，没有人知道他们两人谁说的是真的。库克的探险记录丢了，皮尔里的记录的真实性则令人怀疑。

直到现在，人们还对皮尔里的探险记录存有疑惑，但是大多数地理学家承认他是第一位到达北极点的人。

探险家安德烈的北极探险有什么不同

1896 年，人们对于北极点的探险还处在热潮之中，并且有更多的探险家加入其中。同时，尝试借助新型交通工具前往北极探险已经不是不能想象的事情了，科技的进步同样也为人类的探险事业提供了诸多可能。例如热气球的诞生，就为探险家们前往北极提供了快速而便捷的方式。

瑞典探险家所罗门·奥古斯丁·安德烈和他的队友们就是乘坐热气球开始北极探险之旅的。安德烈请人特意制作了一只名为"老鹰号"的热气球；该热气球的气囊是丝质的，承重的吊篮则由柳条编制而成。1897 年，他和斯特林伯克、富林格一同乘坐

▼ 利用热气球进行北极探险

热气球向北极进发。他们第一次尝试时，由于风向不好，热气球无法起飞。同年 7 月 11 日，天气状况良好，非常适合启程。三个人丢开固定热气球的沙袋，热气球就顺利地升上了天空。他们第一天的行程一切顺利，可是第二天热气球就出现了问题，它越飞越高。7 月 14 日，热气球被迫停在冰面上。冰面上寒风刺骨，三个人相互搀扶着在冰天雪地、荒无人烟的地区艰难跋涉。他们尝试过很多脱险的方法，但都没有成功，也没有在第一时间得到有效的救援，他们甚至已经做好了随时牺牲的准备。遗憾的是，三个人最终相继把梦想和生命留在了这片雪域。

直到 1930 年，挪威渔船从此地经过时，才发现了他们的遗体，以及他们留下的探险记录。正因如此，后来的人们才能了解到三个探险家的探险过程和有关北极的记录——这是史上最早关于北极的探险资料。

世界上第一位到达南极点的探险家是谁

南极点的征服者们就像在比赛一样，一个接着一个向着目标进发。其中有两支探险队伍是争夺冠军的种子选手：一支是挪威的阿蒙森队，另一支是英国的斯科特队。究竟哪支队伍会取得最后的胜利呢？

阿蒙森既是世界上第一位到达南极点的探险家，也是世界上最先乘飞机到达北极点的人之一。其实早在 1909 年，当时 37 岁的阿蒙森就打算成为首个到达北极点的人。正当他为了这个梦想东奔西走时，他的助手给他送来一张报纸，上面写道：美国海军军官罗伯特·皮尔里到达北极点。阿蒙森完全没有想到是这样的结局。自己还没有出发，梦想就破碎了。这时，另一个消息传来：斯科特带领的英国探险队正在去南极点的途中。北极点的梦碎了，还有南极点啊。1911年，阿蒙森一行乘着南森北极探险用的"弗雷姆号"来到南极的鲸湾。阿蒙森的探险计划安排得非常周密，每一段路程都做过准确的计划，沿途供给点安排也很合

▼ 阿蒙森到达南极纪念邮票

理。他还带来了 52 条爱斯基摩犬，它们是雪地行进最合适的交通工具。

1911 年 12 月 14 日，这场比赛终于结束了——挪威的国旗插在了南极点洁白的雪地上。探险家阿蒙森成为世界上首位到达南极点的人。他自小梦想成为首位站在极点上的人，这回终于实现了自己的梦想。他的勇气、魄力和百折不挠的精神令他成为奇迹的创造者，在人类的探险史上，他也无愧为一位值得尊敬的探险家。

第一位飞过北极点的探险家是谁

安德烈对北极的飞行探险行为，直到很多年后才有人敢效仿。因为北极特殊的天气情况，乘热气球比乘雪橇面对的困难要多得多。即便如此，还是有人完成了这一艰难的探险之举，成为第一位乘飞行工具飞越北极点的探险家。这个人就是阿蒙森。

1925 年 5 月，在一个演讲活动上，极地探险史上两位重要的人物相遇相识了。他们一位是挪威探险家阿蒙森，另一位是美国飞行家林肯·埃尔斯沃思。两个人相谈甚欢，相约共同完成一次飞越北极点的探险之旅。同年，埃尔斯沃思提供了两架飞机，在飞到离北极点 193 千米高的地方时，其中一架飞机出现了故障，只能着陆。而另一架飞机着陆时撞上了冰浪，无法继续前行。所以他们这次没有到达北极点，但是他们在飞机上进行的勘测工作，为下一次的探险之旅做好了准备。

1926 年 5 月 12 日，他们两位和意大利籍驾驶员翁贝托·诺比尔一起乘坐"挪吉号"飞机，在斯匹次卑尔根群岛起飞。他们这次的飞行很顺利，很快就飞到了北极点上空。但在这之后，情况开始变糟。飞机出现了故障，飞机的无线电也停止了工作，接着飞机的前端也被冰雪覆盖。这给他们的飞行增加了数倍的困难。尽管如此，他们最终还是艰难地到达了阿拉斯加，在两天的时间内他们飞行了大约 5472 千米。

阿蒙森和埃尔斯沃思的北极点飞行探险创造了史上一项纪录，他们的探险精神也激励着一代又一代的探险家。

▼ 沿着著名探险家阿蒙森的足迹在北极探险

科考达人阿蒙森是怎么死的

　　有些探险家是为探险而生的，也是为探险而死的。科考达人阿蒙森就是这样一位伟大的探险家。可以说，他的一生都是在为探险事业做贡献。

　　阿蒙森一生中创造了很多个第一：1906 年他第一个发现西北航道，解决了困扰探险家们长达 300 年的难题；他也是第一个发现北极磁的人，且进行了关于地磁和北极磁的准确位置的观测；1911 年，他第一个到达南极点；1926 年他第一次乘飞机越过北极点。第一次飞过北极点时，和他一起起飞的探险家中有一位叫

▼ 描绘 19 世纪北极探险的插画

诺比尔的探险家,两年后的 5 月,诺比尔再次乘坐飞机进行北极探险时,探险队失踪了。得知这一消息,56 岁的阿蒙森毫不犹豫,乘着飞机就出发去找诺比尔了。然而这一去,就再也没有消息了。另一支搜救队也前往寻找,他们找到了活着的诺比尔和飞艇。几个月后,他们终于在挪威西北部的水面上找到了阿蒙森乘坐的飞机残骸,但是里面却没有阿蒙森。北极,这个阿蒙森从小的梦想之地,成了埋葬英雄的墓地。

这位伟大的探险家,经历过南北两极地的严酷冰雪,在自己的探险生涯中创造了无数奇迹,哪一次不是死里逃生,哪一次不是可歌可泣。这一次,为了朋友的生命,他自己葬身在终生渴望了解的神秘北极。虽然没有人知道他的葬身地所在,但是他辉煌的探险成就和不屈不挠的探险精神让我们永远铭记。

探险家斯科特到了南极为什么还是很沮丧

1912 年 1 月 17 日,斯科特所带领的探险队员飞奔在离南极点只有几千米的地方,这是他们此行最后的几千米,眼看他们的梦想就要实现了。一想到这里,过去途中的种种艰难似乎都云淡风轻了。可就在他们来到南极点之后,尽管笑容还停留在脸上,失望的眼睛里透着掩饰不住的沮丧:这里有别人留下来的帐篷的残留物。

斯科特和他的队友们历经千辛万苦,虽然最终到达了南极点，大家却丝毫高兴不起来，眼前的一切表明挪威人比他们更早地来到了这个地方，他们是失败的成功者。

为什么斯科特会成为迟到的探险家呢？原来，斯科特带来的摩托雪橇在这里根本没有用武之地，他们精心挑选的十几匹小马也不适合在雪地里行走，根本找不到适合它们吃的饲料。就在阿蒙森成功抵达南极点的时候，斯科特带领着 4 名探险队员还在艰苦的跋涉途中，他们带来的食物也不够了。当他们到达南极点得知有人已经捷足先登时，就默默地往回走，一路上他们仍然坚持做着采集标本和勘测地质等科考工作。饥饿和严寒时刻准备带走他们的生命，3 月 20 日，他们离下一个供应站只有 20 千米的距离，可是他们谁也走不下去了，暴风雪实在太大了，他们连帐篷

◀ 南极探险家斯科特雕像

都无法走出。3月29日，斯科特颤抖地写下最后几行日记，就丢开了笔。

1912年11月，英国驻南极越冬基地搜寻队来到此处，看到了斯科特的帐篷，看到了帐篷周围载满行李的雪橇，上面有重达15千克的南极大陆的地质矿石标本。几位探险英雄临终前还想着把这些材料带回基地。虽然他们不是最先到达南极点的人，但是又有谁能说他们是失败者呢？

探险家理查德·伊夫林·伯德对南极探险有什么贡献

在我们认识南极的历程中，有一个人曾做出了卓越的贡献，他就是著名的极地探险家理查德·伊夫林·伯德。他是一位飞行探险家，在南极地图的绘制过程中贡献了很多力量。

20世纪20年代，澳大利亚人休伯特·威尔金斯第一次进行了南极飞行。自此之后，探险家就开始使用飞机在南极进行探险，伯德就是飞行这些探险家中成就最为突出的一位。伯德1888年出生于美国弗吉尼亚州，其家境颇为富裕。他12岁时就开始独自周游世界，在第一次世界大战中，伯德成为一名飞行员，1921年曾驾驶飞艇飞越大西洋。

在阿蒙森到达南极点之后，南极点在地图上仍然是一片空白，南极探险并没有终结，而是成为一个热点，吸引了更多的人

▲ 极地探险家理查德·伊夫林·伯德

前来探险。1926年,他与费洛伊德·贝内特首次飞过了北极。1928年,伯德在南极海岸线附近建立了"小亚美利加"基地,同年11月乘飞机飞越南极,成为世界上乘飞机到达世界两极的第一人。经过这次飞行,随机的摄影师麦金利带回了珍贵的南极大陆的摄影记录。伯德的南极飞行探险与阿蒙森和斯科特的陆地探险具有同等重要的意义;这次探险只用了16个小时,而阿蒙森的探险则用了三个月。1933年至1935年,伯德带领一支探险队对南极大陆做了更多的勘测工作,并在那里建立了气象站。伯德一个人在气象站过冬,记录南极的天气状况。这次空中勘测还证明了罗斯海和威德尔海之间没有海底峡谷相连,南极洲是一块独立的大洲。

伯德一生对南极洲进行了5次探险,对于南极洲的测绘,之前从没有人进行过如此细致的工作,他的贡献价值和意义不可估量。

第三章

海盗传奇

在几千年的世界海盗史中，能人辈出！他们都用自己有限的一生在历史的天空上划出了无限的痕迹，也在一去不返的历史长河中留下了一个个令人或啼笑皆非、或瞠目结舌的奇闻逸事。光看金戈铁马的战斗史，就知道海盗在人们眼中永远都是一个神话般的存在，但如果你了解了发生在他们身上的一些奇闻逸事，或许他们"高大空洞"的形象会开始变得"有血有肉"。那么就让我们一起来"拼接"出海盗史上那些被埋没的真相吧！

维京海盗为什么被称为"狂战士"

维京人生活在公元 8 至 11 世纪北欧的挪威、丹麦和瑞典等地区，他们普遍身材高大，长相威猛，并且在很长的一段时间里都以劫掠他人为生，被当时的欧洲人称为"狂战士"，这个称号究竟是如何得来的呢？

生于北部严寒之地的维京人是当时有名的蛮族，他们力大无穷且悍不畏死！死亡在他们看来不过是一段美丽的旅行，那是真正的视死如归，那也是真正的把生命视同草芥！一向以文明人自居的欧洲人看着咆哮着冲向自己的一群群维京海盗，除了上交巨额"保护费"，他们实在想不出如何才能从这群恶魔手中逃脱……维京海盗是一个真正的战斗民族！从孩提时期，他们就训练摔跤、射箭、举重和划船等，一切娱乐方式都是为了锻炼出更加强壮勇悍的士兵。虽然他们本身就彪悍异常，但是由于人数较少，他们比其他的海盗更加注重团队合作和计谋策略，于是当勇冠三军的"吕布"同时拥有"诸葛亮"般的计谋时，又有谁能抵挡住他们前进的步伐呢？

维京海盗在海上相遇的时候，他们还会遵守一种十分古老的传统：双方默不作声地把两只船用木板搭接起来，然后一个个地走上木板，迎接他们的将只有一个结果——要么把对方全部杀光，要么就英勇战死！通常第一个走上木板的都是双方最彪悍的

◀ 维京海盗的角盔和胡子

勇士，他们打着赤膊，瞪着通红的眼睛，咆哮着冲向对面！那时他们的眼中只有一个字——杀！即使倒下也是倒在祖辈们都躺着的位置，即使倒下也不能丢掉维京人最重视的骄傲！也正是这种悍不惧死的作风和野兽般的进攻方式，才使得世人给了他们个最贴切的称号——"狂战士"！

最早的海盗出现在什么时候

索马里海盗臭名昭著，然而海盗却并非现在才有，而是一个相当古老的传统"职业"，那么最早的海盗出现在什么时候呢？

▲ 海盗

当第一艘船驶向海洋的时候，海盗就产生了！——这是很多人信奉的海盗产生论，但不得不说这只是人们的主观臆断。让我们一起来看看史料上的记载吧！"海盗"这个称谓最早出现在公元前140年的古罗马史学家波利比奥斯笔下，距今约2200年，但最早的海盗出现的时间可能要比它早一点，《荷马史诗》中曾提及海盗，古希腊史学家修昔底德也曾经在他的作品中讲到过海盗，而最早的关于海盗的记录是在公元前1350年。但最初的时候，人们只是主观地把那些迥异于普通渔民和海上商人的水手们统称为"海盗"，这一现象到公元100年左右得到了根本的改善，古希腊史学家布鲁达克首次对海盗做出了定义：海盗就是那些非法攻击船只以及沿海城市或港口的人。但是海盗过于悠久的历史也使得这一定义并没有太大实质性的意义，例如公元8至11世纪，威震一方的挪威掠夺者干的勾当和海盗相差无几，甚至远远要比海盗产生的危害大得多，但史料上把他们称为"丹麦人"或"维京人"，人们为维京人的勇敢和大无畏精神所折服，看着他们谁又能联想到那些无恶不作的海盗呢？

15至17世纪轰轰烈烈的大航海时代的来临首次揭开了神秘海洋的厚重面纱，就是从那时起，海盗开始进入了更多人的视野。

古希腊的海盗为什么会普遍受到尊敬

在我们的记忆里，无论在何时何地，海盗都是一个"伤天害理"的职业，即使说不上是"过街老鼠"，但也绝对跟"受人尊敬"这样的字眼联系不到一块儿。然而在历史上却真的有这么一个时期和地方，海盗们扬眉吐气，普遍享受尊敬——他们就是古希腊的海盗们，这是为什么呢？

首先是环境使然。古希腊半岛土地贫瘠，粮食匮乏，人们单靠发展农业根本没法填饱肚子，于是海洋成为他们生活下去的一个重要保证，也因此古希腊成为一个"盛产"海盗的国家。在前城邦时代，海盗和渔夫、农民一样是一种职业，并且由于他们出海归来的贡献要比农夫和渔民的收获大很多，所以当时古希腊城邦大肆地鼓励海盗行为以聚敛钱财，海盗甚至会受到官方的嘉奖。同时在长期的走南闯北和劫掠之后，这群海盗还把当时较为先进的埃及文化带了回去。于是，在我们看来无恶不作的海盗们在当时不但是促进国家发展的经济支柱，还是传播先进文化的先锋使者，广受尊敬也就不足为奇了。同时，古希腊神话中也有不少的海盗角色，比如特洛伊战争中的希腊英雄阿基里斯本身就是一个海盗，他很自豪地承认了这一点；而献出"木马攻城计"的

▼ 希腊克里特岛之格拉姆萨海盗岛

奥德修斯也是一名海盗，可见海盗当时之盛行。

但古希腊海盗的这段看似"反常"的超级待遇在他们不断扩张的欲望中葬送了，到了希腊城邦时代已经完完全全地退去了光环。

16 世纪的西班牙政府为什么会与海盗合作

16 世纪处于大航海时代中期，世界各大军事强国都在探索新航路和贸易伙伴，而作为当时绝对的霸主，西班牙除了进行这一系列探险，还暗中和海盗合作，这是为什么呢？

在 16 世纪的西欧，葡萄牙通过一系列大规模的新航路探索，一步步地打破了由阿拉伯人控制印度洋航线的局面，垄断了欧洲对东亚、南亚的海上贸易，并迅速崛起跻身于海上强国之林。这一切都被西班牙人看在眼里，除了极力地进行海上扩张之外，海盗也成为他们的"非常规武器"之一。当时的海上争霸战如火如荼，西班牙的敌对国除葡萄牙、英国，还有荷兰等海上新贵，大家都不满于西班牙等少数强国垄断海上贸易这一局面。腹背受敌的西班牙急需找到另一支生力军来抵御外敌，不需军饷而又战斗力惊人的海盗无疑是最佳的选择。得到政府的支持，非大战期间可以在海上骚扰敌船、攻击对方商船，战争期间又可以摇身一变加入战队共同御敌，互惠互利的海盗和西班牙政府双方都对此合作十分满意，"皇家海盗"由此而生！但其他国家也不是傻子，英国等国家开始发放"私掠许可证",拥有许可证的海盗们可以在海上肆意地攻击西班牙船只而不受惩罚,于是海盗和各个国家勾连在一起的乱象便出现了!

在 1588 年的战事中,英国的海盗头子德雷克作为司令率领英国舰队一举击败了西班牙的无敌舰队,西班牙从此一蹶不振。而这也在海盗史上画上了浓墨重彩的一笔。

◀ 英国海盗德雷克雕像

大航海时代为什么被称为海盗的"黄金时代"

　　公元 15 至 17 世纪，为了开拓新的贸易路线和寻找新的贸易伙伴，欧洲很多国家的船队开始出现在世界各地的海洋上，这段时期被称为"大航海时代"，也被称为"地理大发现"。这一时期涌现了无数的著名航海家——迪亚士、哥伦布、麦哲伦……正是他们用自己的才能和勇气填补了当时地图上那一片片空白的未知地带。与此同时，这段时期也被公认为是海盗发展的"黄金时代"，这是为什么呢？

　　首先是海上贸易的增加对海盗的诱惑增强。随着各路豪强

▼ 大航海时代被称为海盗的"黄金时代"

不断地发现新的地理区域，瓜分热潮此起彼伏，于是载满黄金和奇异物品的船只漂荡在世界各处的海域上，而贸易量的巨大又使得旧的保护措施形同虚设，于是海盗的迅速滋生也就在情理之中了。其次是"私掠许可证"的风行。虽然这项措施在1856年时已被废除，但在15至17世纪时是西欧各个强国相互牵制的重要手段。海盗可以领到一张自己国家颁发的许可证明，规定在战争时期他们可以肆无忌惮地武装攻击敌国的商船而不受惩罚，相当于"奉旨抢劫"。没有了后顾之忧，海盗的队伍也就更加壮大了。还有一个原因就是对未知世界的渴望。正如电影《加勒比海盗》里杰克船长说的："一艘船的真正价值就是自由，就是整个世界、整个海洋，你想去哪儿就去哪儿。"新航路的不断开辟就像一盏明灯照亮了一颗颗蠢蠢欲动的心，而其中的一部分人选择了永远留在海上，留在传说的自由中。

新航海时代涌现出了一大批赫赫有名的海盗头子——基德船长、"黑胡子"、德雷克……他们用一生为那个疯狂的时代画上了浓墨重彩的一笔，也给所有人留下了无止境的猜想。

战无不胜的维京海盗是怎样消亡的

维京海盗肆意劫掠周边国家，所到之处，那里的人无不举手投降、奉上赎金，那时他们是多么不可一世！然而公元11世纪之后，人们便不再听说维京海盗的种种劣迹，他们仿佛消失了一般，那么在历史上战无不胜的维京海盗是怎样灭亡的呢？

维京海盗有着自己独特的信仰，他们有自己信奉的名言，也正是因为如此才使得在欧洲人看来维京海盗是那么冷血和恐怖。维京海盗有一个独特的传统，就是孩子成年之后，长子继承财产，而其他的孩子则必须离开长兄，自己组建新的家庭，这也就解释了维京海盗为什么一直在旅行。当然，贫瘠的土地难以养活新的人口也是他们不断寻找新的居住地的原因之一。这两三个世纪里，维京海盗通过劫掠得到了很多的肥沃土地以供休养生息。公元 10 世纪，法国国王更是向维京海盗割让了一大片土地来换取法国本土的安宁，但是附加条件是维京海盗必须改信基督教。于是，潜移默化中神奇的事情发生了——基督教的同化消除了维京海盗心中的暴戾，足够肥沃的居住地也使得不断迁徙变得不再那么必要，而耕田养殖就能果腹的新生活也让维京海盗们心动不已。现实版的"放下屠刀，立地成佛"出现了，维京海盗开始真正地扎根于他们现在所生活的土地上，曾经的刀光剑影和惊涛骇浪便永远地尘封在他们心中了。

所以说维京海盗并没有消亡，他们就像是一块坚冰，在文明的感化下融化了。

▼ 冰岛的海盗村

世界上所有的海盗旗都是骷髅头和骨架的组合吗

海盗在漫长的发展历程中形成了自身独特的文化，其中最令人瞩目的当属"海盗旗"了！而提起海盗旗我们就会联想到那个惊悚的骷髅头和骨架的组合，但就是这惊悚的旗帜有一个十分卡通的名字——"快乐的罗杰"！那么是不是世界范围内所有的海盗船上都飘扬着"快乐的罗杰"呢？

事实并非如此。"快乐的罗杰"无疑是海盗旗中最为著名的一个，但并非唯一的一个。它是加勒比海盗和中世纪后期其他海域海盗的"商行旗"，最早出现在奇里乞亚海盗中。古奇里乞亚海盗为了吓唬敌人而升起了象征死亡的骷髅头和骨架。但在不同时代的不同海域，信仰不同的海盗们则会升起不同的海盗旗。比如罗马海盗用墨丘利神的权杖来装饰船帆。这是一根缠绕着两条蛇的权杖，而墨丘利神则被认为是会保佑机灵鬼、骗子和贼的神灵，海盗寄希望于它能给他们带来好运。依据不同的信仰，雅典娜的猫头鹰、宙斯的鹰和狄安娜的鹿也都被不同的海盗"请"上了海盗旗。当然，并不是所有的海盗旗都和神灵有关，比如11世纪的丹麦海盗绣了一个展翅张喙的黑乌鸦，而威廉船长的"莫拉号"上的海盗旗则是一个十字架的纹章。

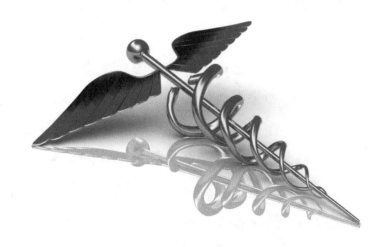

▲　墨丘利神的权杖

在海盗发展的早期，海盗旗都是统一的红色，但后来黑旗逐步把红旗挤出了历史舞台。同时，海盗旗本身也没有十分严格的功能和分类，所以通常情况下我们并不能通过不同的海盗旗来确定这是哪一伙海盗。

英国的崛起竟然也有海盗的功劳

在 18 世纪之前，海盗作为世界上一股不稳定而又较为强大的武装力量，经常会有意无意地影响到多国利益，有时甚至会起到四两拨千斤的作用，从而影响到整个地区的势力格局，比如英国的崛起！

你可能会感到不可思议，因为海盗在历史中固然拥有自己的一席之地，但是如果把他们和国家的强势崛起绑在一起，是不是有点"高看"他们了？一点都没有！下面就让我们来盘点一下英国的崛起之路和海盗千丝万缕的关联吧——在英国崛起之前，西班牙是当之无愧的海上强国，拥有强大实力的西班牙在触角所及的各个地区设立自己的殖民地，其中尤以美洲殖民地中的黄金和白银最让其他国家眼红！但经过各方探索，英国的寻宝队都无功而返。既然寻宝不成，英国就动了"坏心眼"——亨利七世开始对海盗发放"私掠许可证"，拥有该证的海盗可以在海上肆意地劫掠而不受惩罚，但是需要向英国政府缴纳一定的"油水"；除此之外，他们还可以打着国家的旗号趁机占领所有他们有能力统治的地区和小岛等。于是，英国一步步地积聚着实力，而海盗作为一种非常规的武力不断地对西班牙进行骚扰和劫掠，慢慢地成长为英国自己的"无敌舰队"。终于，西班牙识破了英国的诡计，挥师直指英国，面对海军实力强劲的西班牙，英国几乎连抵抗的勇气都失去了……这时又是海盗头目德雷克率领本部的海盗船疾驰而至，雪中送炭的德雷克最终帮助英军击败了不可一世的西班牙海军，也正式宣告了西班牙帝国开始走向没落……

至此，你还敢小看海盗们在过去的世界格局形成中起到的作用吗？

▲ 亨利七世一家

"黑胡子"海盗是电影《加勒比海盗》里"黑胡子"的原型吗

　　在电影《加勒比海盗4》中，有一个法力无边的"黑胡子"海盗船长给所有人留下了十分深刻的印象。实际上，在真实的海盗历史中也有一位威猛霸道的"黑胡子"海盗船长——爱德华·蒂奇，那么他会是电影中那个无敌船长的原型吗？

爱德华·蒂奇——土生土长的英国人，世界史上最臭名昭著的海盗之一。精力充沛的他时常是一副玩世不恭的样子，但如若看他这样一副吊儿郎当的样子就小看他，那你就大错特错了！蒂

▲ "黑胡子"爱德华·蒂奇

奇船长成长于英国击败西班牙成为新的海上霸主期间。1714 至 1715 年间，他开始跟随当时著名的霍尼戈尔德船长当海盗，这一段时间，他作战勇猛并且屡建奇功，于是在 1717 年，霍尼戈尔德船长任命他成为手下一艘装有 12 门炮的小型海盗船"复仇号"的船长。同年，霍尼戈尔德因为拒绝攻击英国船只而被船员罢免。从此，"黑胡子"与他分道扬镳。单飞后的"黑胡子"很快便取得大捷，1717 年 11 月，他掳获了法国的一艘大型运奴船"协和号"并将其重新命名为"安妮女王复仇号"。至此，鸟枪换炮的"黑胡子"看到了自己的美好未来，这艘新战舰配有 36 门重炮，战斗力极强！属于"黑胡子"的疯狂岁月才刚刚开幕！由于当时的海盗大都还是打着大英女王的旗号肆意劫掠，所以当他们在海上看见英属军舰，大都会远远地避开。但"黑胡子"居然径直冲向东海岸的英国军港，不管三七二十一就洗劫了停靠在那里的"爱伦号"商船，并且大败英军，自此威震天下！

"黑胡子"是海盗史上最凶残的船长之一，劫掠在他看来最重要的不是获得多少财富，而是可以尽情地享受虐待他人的快感。一生杀人无数的他结局也十分悲惨，在一次战斗中被敌方乱刀砍死，他叱咤风云的海盗生涯就此画上了句号。

大名鼎鼎的"红胡子"海盗是谁

"黑胡子"海盗的威名想必人人知晓，而在西方海盗历史上还有另一个"别致"的名字和他分庭抗礼，那就是"红胡子"海盗。关于"红胡子"海盗，你知道多少呢？

"红胡子"海盗就是历史上著名的"巴巴罗萨"兄弟，是奥斯曼人。他们的父亲是一位土耳其穆斯林，因为军功而受封于莱斯沃斯岛，在岛上做陶工。父亲去世后，除了大哥继承父业继续做陶工之外，其他三人都走上了海盗之路。1504 至 1510 年期间，二哥因为多次率舰队将大批穆斯林从西班牙运回北非，而被人们尊称为"巴巴罗萨"，也就是"红胡子"的意思。1516 年，他率舰队占领了吉杰利和阿尔及尔，并自立为苏丹。在 1518 年与西班牙的交战中，二哥"红胡子"因兵败而被杀。三弟海雷丁继承了二哥的"红胡子"称号和事业，于 1518 年开始反攻，并最终于

▼ 位于德国图林根的巴巴罗萨洞穴

1529 年率领部下在地中海击败西班牙，从"虎口"中夺回了阿尔及尔的控制权，并在此建立起了一个堪比国家舰队的海盗帝国！

之后，奥斯曼帝国进攻维也纳，神圣罗马帝国还任命多里阿为地中海海军元帅。这个多里阿成为"红胡子"后期唯一的劲敌。苏丹随后召见"红胡子"，委任他为奥斯曼帝国海军总司令，并且把国家的所有战舰都交付他指挥，只求他保护好帝国的边疆。于是，"红胡子"海雷丁和宿敌的战争打响了！在之后的几年里，他们先后交战了数次，互有输赢。1538 年 9 月 25 日，多里阿率领的多国联合舰队和"红胡子"海雷丁率领的土耳其舰队在希腊的西海岸展开了最后的决战，正是这场战争把"红胡子"海雷丁的一生推上了最后的一个巅峰——多里阿战败！"红胡子"海雷丁成为地中海唯一的绝对霸主！

1546 年，大海盗"红胡子"海雷丁去世。

笛福小说《海盗船长》的原型你知道是谁吗

笛福小说《海盗船长》塑造了一个有勇有谋、情感丰富的平民海盗形象——辛格尔顿船长，而书中关于海盗惊险刺激的海战、劫掠场景让所有读者都惊叹不已。但是，你知道吗？书中介绍的那些波澜壮阔的故事不仅大都属实，而且辛格尔顿船长在历史上也确有原型哟！

他就是英国的亨利·埃夫里。

埃夫里船长 1653 年出生于英国，是红海地区最有名的海盗头目之一。在十几岁的时候，出身穷困的埃夫里开始在船上当见习水手，并且一直勤勤恳恳地坚持到了 1695 年的春天——那个改变他一生的时刻。当时托马斯·图在东方发财的事情已经在水手中被传得沸沸扬扬，而一直深陷穷困的埃夫里却隐隐觉得是时候去做点什么了，于是，他私下里慢慢地开始争取水手的支持，当他们的船只在西班牙港补给时，埃夫里找到了机会！1695 年 5 月，酪酊大醉的船长在不省人事的情况下被"夺权"，待到他酒醒，船已经在从加勒比海返回欧洲的途中了，而埃夫里也宣布自己接任了船长。埃夫里一伙在红海海口遇到了五艘"志同道合"的海盗船，埃夫里还被推举为联合舰队的指挥。8 月的时候，发展壮大的埃夫里船队瞄准了莫卧儿王朝的 25 艘宝船，但是在努力了很久之后，他们竟然没有追上其中的任何一艘！他们并没有沮丧多久，很快，新的猎物出现了——"冈依沙瓦号"！这艘船是当时莫卧儿王朝体型最大的船只，配有 62 门大炮和 500 多名枪手，明显敌众我寡！但是果敢的埃夫里还是率领海盗们冲了过去，凭借埃夫里出色的海战指挥能力和海盗们破釜沉舟的勇气，他们竟然把这个不可能完成的"弱劫强"完成了！但是，他们在大赚了一笔的同时，也令莫卧儿皇帝奥朗则布恼羞成怒。他一方面向东印度公司索赔，一方面要求英、法、荷军舰为印度船只护航，并在盛怒之下逮捕了很多名英国官员。因此，埃夫里被英帝国列为头号通缉犯。

1696 年，埃夫里金盆洗手并解散了他的海盗团伙，但是他昔日的手下在抵达英国的第一时间就被挂在了绞刑架上，只有他逃了出来，从此下落不明，没有人知道他究竟隐居到了哪里……

《航海王》中的海上霸主有原型吗

你知道《航海王》中海上霸主的原型是谁吗？

你还别说，我接下来要说的这个人还真有这个实力！他就是德国的海盗王——克劳斯·施托尔特·贝克尔。在丹麦与瑞典交战之时，一个名为"粮草兄弟会"的海上军事组织兴起，它与丹麦人交战并负责向被围困的瑞典首都斯德哥尔摩运送补给，而施托尔特则是该团体中最具冒险精神的海盗之一。他长年指挥着属于他的那 50 余艘海盗船驰骋在北海和波罗的海上，在船长们看来，他是一个狡猾、残忍而又作恶多端的海盗头子，但是在穷苦人看来，他却是一位不折不扣的"罗宾汉"。看似无情的他却侠骨柔情，劫富济贫的他总是无私地把用鲜血换来的财富馈赠给穷苦百姓，所以无论在当时还是现在口碑都极好。1393 年 4 月，势力越来越大的"粮草兄弟会"不再满足于只在海面上劫掠，而是把触角伸向了挪威西部的贸易中心——卑尔根。在卑尔根激战之后，他们洗劫了整个城市并毫不留情地将之焚烧殆尽……"粮草兄弟会"的疯狂触及了丹麦和英格兰的底线，联合舰队在 1401 年对施托尔特的海盗船队实施了一场伏击！仓促应战的施托尔特遭遇了前所未有的惨败，超过 40 名的海盗被当场击杀，而包括施托尔特本人在内的共有 73 名海盗则被关进了监狱，很快他们便被斩首示众了……

小贴士

　　施托尔特的海盗船上的宝藏被一名渔民发现后，埋藏到了另一个更加隐秘的地方，至今都没有被发现。

▼ 曾经的北欧海盗聚集之地——卑尔根

世界上最著名的女海盗是谁

　　浩瀚的大洋，变幻的天气，复杂的局势，叵测的人心……这些鲜明的特点似乎注定海盗是男人的领域，但即使这样，还是有许多的女中豪杰无视人们的轻视，在刀尖上舔血的海盗业中各领风骚，那么，你知道世界上最著名的女海盗是谁吗？

　　她是一位真正的千金小姐，作为巴塞罗那船王的女儿，她注定一生都衣食无忧；她也是一个真正的海上霸王，凭借难以匹敌的勇气和能力而闻名于南大西洋海域。她就是西班牙的卡塔琳娜！身为超级富家女的卡塔琳娜小时候并没有像绝大多数的千金小姐一样过着浪漫无忧的生活，习武厌文的她 17 岁就已经是一个身手矫健的"高手"了，但无法忍受女儿如此另类的父亲一怒之下把她送到了修道院！也正是这次的突变才成就了这位女海盗王传奇的后半生！卡塔琳娜之后辗转很多地方，做过很多兼职谋生，在军队服役期间无意中杀死了自己从军多年的亲哥哥，悔恨交加的卡塔琳娜连夜逃生并加入了海盗组织。高超的航海技术和出色的武斗技巧很快便让她赢得了众海盗的尊敬，而豪爽的性格也加快了她融入海盗大家庭的步伐。终于，在一次海战中，因船长战死，卡塔琳娜被众人推上了船长的席位，开始了她辉煌的十年征战的海盗生涯！依旧怀念故土的卡塔琳娜给自己的手下定下了一个规矩——那就是永远都不能袭击西班牙船只！这条铁规一直深深地烙在了卡氏海盗团成员的心中，一直陪伴她成为大西洋当之无愧的女海盗王！

　　成名之后的卡塔琳娜受到了西班牙和英国联合舰队更加疯狂的围剿，最终寡不敌众的卡塔琳娜兵败被俘，并在马德里被判处死刑。一代海盗女王卡塔琳娜并没有就此被终结，全国从上到下几乎一致认为她是无罪的！终于，在国王的干预下，卡塔琳娜摇身一变成了西班牙的英雄，并被赏赐了大量的封地和财富。卡塔琳娜一生未嫁，终老于封地。

◀ 女海盗

谁是中国海盗界的"祖师爷"

之前我们提到的主要都是国外叱咤风云的海盗代表们，那么在中国本土有没有海盗存在呢？中国最早的海盗出现在什么时候，又是谁成为中国海盗界的"祖师爷"呢？

在有史书明确记载之前的年代，便已有了海盗活动。夏商周时期生活在海滨地区的部分奴隶和繁衍生息于东海之滨的东夷人成为最早的海盗群体。到了东汉末年，海盗活动便发展到一定规模了，

▼ 中国古代的海盗船

以张伯路、胡玉、曾旌等为代表，主要活跃于东海至渤海一带。东晋末年，以孙恩、卢循为代表的海盗将海盗活动推向一个新高度。

孙恩是东晋末年的海上起义军首领，作为一个旨在推翻腐败旧王朝的起义军首领，为何在历史上会和海盗的称号纠缠不清呢？事情是这样的：孙恩的叔父孙泰是当时五斗米教的教主，是他最先率众起义企图推翻腐败的东晋王朝，但不幸被诱杀，同时殉身的还有他的六个儿子。为了报这血海深仇，孙恩以五斗米教的名义重新集合了人马，并于东晋隆安三年（399 年）和另一位首领卢循一起掀开了一场持续 13 年之久的起义浪潮。在东晋王朝繁重的赋税下，难以忍受的民众纷纷加入起义军，孙恩的起义军很快便超过了数十万之众，楼船上千艘！看似完美的起义脚本，究竟是哪里出了错呢？这就不得不说孙恩这个人的性格了。出身低贱的孙恩自懂事开始就对那些王孙贵族有着难以调和的仇恨，这本来无可厚非，但他竟然把这种情绪不加保留地倾注到了起义过程中。于是，本来应该是为普通民众"送温暖"的起义军在他的教唆下变成了名副其实的"反叛军"，所到之处烧杀劫掠，无恶不作。不仅当时的政府东晋王朝视他们为眼中钉，就连贫苦大众对他们也只剩下了畏惧和仇恨……除此之外，他本身也没有十分出众的领导才能和作战技巧，于是在"屋漏偏逢连夜雨"的综合作用下，他被众人划入了海盗的行列，也"阴差阳错"地成了中国海盗的祖师爷。

孙恩最后的结局十分凄惨。元兴元年（402 年），他率军进攻临海郡失败，于是悲愤投江自沉，与他一同自杀的还有 100 多名忠心耿耿的追随者……

三千战船退荷兰的是哪个海盗

明朝人"国姓爷"郑成功力克荷兰守军收复台湾的事迹在中国历史上广为传颂，而其父郑芝龙的爱国事迹亦令人心驰神往，感慨赞叹。下面就让我们一起揭开那被尘封的历史吧！

郑芝龙，明朝末年著名海盗，是我们熟识的爱国英雄郑成功的父亲。那时，荷兰作为新兴的海洋大国迅速崛起，并慢慢把侵略的触角伸向了中国台湾的澎湖地区，而郑芝龙作为当地小有名气的海盗头目，被荷兰招募以对明军进行骚扰攻击。

▼ 郑芝龙在台湾的府第——安平古堡

天启四年（1624 年），荷兰击败西班牙殖民者取得了对台湾全境的实际控制权，随后郑芝龙突然自立门户，并迅速成长为当时中国海上最大的海盗集团。郑芝龙的崛起很快引起了明朝政府的恐慌，但苦于剿灭无力只能招降，却遭到了郑芝龙的拒绝。而荷兰的商船在遭到郑芝龙船队的数次攻击之后，荷兰派兵和他在海上展开了激战，无奈败北。此时的郑芝龙俨然已经成为堪与荷兰和明朝政府相抗衡的第三股势力。但荷兰的所作所为都被郑芝龙看在眼里，秉承民族大义为先的郑芝龙随后向明朝政府投诚，并投入了和荷兰的激战之中。从 1632 年到 1635 年，郑芝龙率军和荷兰海军及其爪牙展开了数次激战，并于 1635 年 5 月 23 日成功击溃荷兰殖民者，迫使荷兰守军和郑芝龙签订了一系列贸易协议，令明军士气大涨，而郑芝龙也成为当时东方海洋上唯一的霸主！

称霸一时的海盗首领们最终结局通常是怎样的

　　海盗作为一个游离在文明边缘的特殊职业，暴利和危险并存是其最大的特点。然而作为当时称霸一方的海盗头领们，他们最后的结局又是怎样的呢？时间是否给了他们一个"公正"的审判呢？

　　几千年的世界历史中催生出了无数的著名海盗，他们或仁厚忠义、或奸诈暴虐，或厚积薄发、或横空出世，在他们有生之年都创下了一个偌大的"家业"。但结局呢？第一种是功成身退、封官晋爵，这或许是所有结局中最完美的了。西班牙的卡塔琳娜、英国的德雷克和奥斯曼的"红胡子"就是这种结局的代表。第二种就没有这么幸运了，他们创下了偌大的名头，却最终"尘归尘，土归土"，丧身海上，这或许算是最"死得其所"的一种

▼ 海盗是一个十分危险的职业

结局，埃夫里、"黑胡子"则是这群不幸的中标者。第三种结局则更为凄惨，作为曾经的海上王者，他们最终难逃法律的审判，身首异处，忠义的郑芝龙就身处这一行列之中。

追根究底，海盗们最终的结局跟他们最初的立场和做事方式也有很大的关系，像那些最终"功德圆满"的典型无不在巅峰时刻为国家出人出力，也并没有做出什么令人发指的行径，这才能平安后半生！

皇家海盗

海盗是海上从事打劫的一类人，但有些海盗们也是探险家，一些海上发现还是海盗们完成的呢！自有海上航行之时，海盗们就有了活动空间，16 世纪之后他们的活动越发猖狂。而有的海盗还是"奉旨行盗"呢，最为著名的就是英国的德雷克。

有时候为了争取没有开辟的航道，海盗们不得不变成探险者，并做出了不小的牺牲。1567 至 1568 年，德雷克加入了约翰·霍金斯的海盗船队，向大庄园出售奴隶。其间海盗船队中有 5 艘船被西班牙人掠走，只有德雷克任船长的船只回到了英国。他讲述了探险途中的遭遇以及途中的见闻。别人把他当作说谎者，但是英国女王听说后，下令派遣德雷克带领探险队去北美洲。女王鼓励他们袭击西班牙，并拿出钱武装海盗船。

1577 年 12 月，德雷克率领 4 艘大船和 2 艘小船驶向北美洲。

他们在麦哲伦海峡遭遇了无情的风暴，整整 52 天都没有停歇。风暴将德雷克的船只吹到了火地岛以南，到达一处广阔的海域。就这样，德雷克发现了南美洲的南端，以及在美洲和南极洲大陆之间的通道。这条通往太平洋的新路被称为"德雷克海峡"。他继续向北行驶，发现原有的地图上对南美洲的绘制是错误的。经过修正，地图上的南美洲轮廓更接近真实了。

　　德雷克的探险持续了将近 3 年，是继麦哲伦和埃尔卡诺之后的第二次环球航行。归国之后，伊丽莎白女王授予他皇家爵士的头衔。可以说，他就是英国的"皇家海盗"。

▼ 德雷克海峡

海盗中有科学家吗

　　海盗一般对金钱财宝之类非常感兴趣，他们从事海盗活动的目的也是得到金钱财宝。然而你知道吗？海盗中也有科学家。德雷克的老乡威廉·丹彼尔就是一位海盗科学家。

　　丹彼尔出生在英国，他做过水手，积累了很多海上航行的经验。他后来参军成为皇家海军，并参加了战争。在军队里他和别人的思想不同，于是转而参加了海盗集团，之后很快凭借过人的胆识成为船长。执掌大权之后的丹彼尔并没有像其他的海盗头领那样热衷于劫掠钱财，而是在紧张的海盗生活间隙专注于自己的真正喜好——学习气象、水文现象和海洋动植物的知识。但是由于他的喜好并没有影响该海盗团的"生意"，所以面对这样一个"不务正业"的海盗船长，大家也都只是一笑了之。由于海盗团在南美洲沿岸打劫了许多西班牙船只，在 1688 年的一次袭击之后，丹彼尔不敢穿越西班牙在大西洋上的封锁返回欧洲，只好向西绕行太平洋，也因此实现了一次环球旅行，并探索了许多未知的海域。1691 年，丹彼尔返回伦敦。1693 年，凭借多年的海盗经历，他写就了《新环球航行》并引起了不小的轰动，也得到了英国当局的关注。1699 年，他褪去了海盗的外衣，摇身一变成了皇家海军军官并受命率众考察太平洋，他一展身手的大好机会来临了！此次航行，他首次发现了澳大利亚，并成功地绘制了整个南太平洋的海图。此次航行也奠定了丹彼尔跻身 17 世纪著名航海家的基础，并且铸就了他的一生威名！

丹彼尔船长的南太平洋之旅中还发生了一个小小的插曲，在智利的一个荒岛上他们发现了一个身着羊皮的野人，并且短期丧失了语言能力，只能牙牙而语。这个野人在这个荒无人烟的小岛上独自生活了 4 年零 4 个月，他就是后来《鲁滨孙漂流记》中主角的原型。

1715 年，丹彼尔在伦敦去世。虽然他曾是一位海盗，但是他对科学研究做出的贡献是不能被忽视的，他更是一名优秀的探险家、科学家。

你听说过有国王去做海盗的吗

海盗作为一种极度危险的职业，大都是为生活所迫的穷苦人为了生计才不得已而为之的。但是西欧历史上有这样一位奇葩国王，他放弃了安逸的宫廷生活，并组织了当时声势最浩大的海盗团伙……

这是为什么呢？

这位国王就是挪威历史上最著名的君主之一——"金发王"哈拉尔德！其实，年少时候的哈拉尔德同其他的王子一样嬉笑玩乐，有点不务正业，但一个美貌冷艳的公主彻底地改变了他的一生。居达公主的美丽在当时的西欧诸国享有盛誉，然而在哈拉尔德满怀诚意地向她求婚时，却受到了她无情的冷嘲热讽，并戏谑地说要迎娶她除非哈拉尔德能够统一当时分区管制的挪威各诸侯国。此次求婚事件像一盆冷水浇醒了哈拉尔德，在许下不统一挪威就不剪发的诺言之后，他开始了对北方的扩张之路！同正常的进攻侵略不同，哈拉尔德把自己的侵略大军打造成了一支实力强劲的海盗军团，实行"三光"政策的他所到之处无不血流成河，尸横遍野……很快便打得北方诸国无还手之力。面对残忍霸道的哈拉尔德军团，其他诸国之间很快便结成了一个个防御联盟，试图抵抗他的进攻，但换来的是更为残暴和疯狂的镇压征服！最后

▼ 国王哈拉尔德为纪念挪威统一而建的山中宝剑

他在击杀了包括居达公主的父亲和三个兄弟在内的诸国首脑后统一了挪威。

得胜归来的哈拉尔德迎娶了居达公主作为他的第九位妻子，而这个当初一言害尽天下人的公主最终也未得善终，若干年后被哈拉尔德无情抛弃并郁郁而终。

《海盗法典》真的存在吗

在电影《加勒比海盗·世界的尽头》中，杰克船长曾对爱斯梅拉达说："那本书是海盗的法典，很多内容可以追溯到很久以前。"而那本书自然就是传说中的《海盗法典》，那么这本象征海盗公会中最高法律的法典是否真的存在呢？

人们通常认为，《海盗法典》是在古典海盗时代由大海盗摩根和巴塞罗缪两位船长在第二次海盗公会上编纂而成的，全书记录了海盗公会中制定的所有法律，由1000多页的羊皮纸装订而成，并且据称光是该书的封面就有40千克左右，十分笨重。也正是这个原因，才使得《海盗法典》在历代传承中都是口口相传的。在历史上，清楚地记载了《海盗法典》的编纂人物、内容和作用，足以证明该法典的确存在，但奇怪的是人们至今没有找到它的原版。《海盗法典》中明确写道：法典至高无上！那么现实中是否真的如此呢？答案是否定的。我们可以想象，在浩瀚无际的海洋上，远离文明且形单影只的海盗船本身就是一个极度分离的个体，即使是船长也不能保证时刻拥有对船况的绝对控制，更何况是虚无缥缈的法典。那么是不是说法典就形同虚设呢？也不是，在类似于海盗公会这种放在台面的情况下，法典还是拥有绝对的权威的，因为谁都不想在众人面前背上背宗弃祖的骂名。《海盗法典》制定的初衷就是为了规范众多海盗的行为，在一定程度上它也确实起到了这种作用，但是我们也不能天真地迷信它真的那么无所不能。

▼ 大海盗摩根

朗姆酒为什么被称为"海盗之酒"

朗姆酒被称为"海盗之酒"，在有关加勒比海盗的影视资料和文学中只要提到喝酒，我们几乎看不到其他的酒。那么朗姆酒究竟是怎么跟海盗结下这不解之缘的呢？

在背景设定为 17 至 18 世纪的海盗影视资料中，我们经常会看到这样的场景：敌人的炮火在一点点地迫近，但衣衫褴褛、粗野不堪的海盗们却并不惊慌，他们不断地把一瓶瓶深颜色的"饮料"灌入喉中，之后便大喊一声迎着炮火陷入疯狂的交战中……资料中那深颜色的"饮料"就是朗姆酒。朗姆酒原产于西半球的西印度群岛，原材料就是我们所熟知的甘蔗。哥伦布在第二次环球航行中把甘蔗从加那利群岛带到了古巴，而古巴等国家则利用甘蔗制造了世界上最纯正的朗姆酒。它的度数一般在 42 度至 70 度，酒体轻盈、酒味清香甘醇的魅力使它在海盗这个特殊群体中得到了最广泛的青睐。每一次的战斗前，海盗们都会喝上几口醇烈的朗姆酒，以提高无穷的胆气；战斗结束后，海盗们聚在一起举杯畅饮，用朗姆酒来庆祝又一次的胜利；受伤时，朗姆酒也能起到消毒和麻醉的作用。

朗姆酒不仅是海盗们的最爱，就连当时的皇家海军也难以抵挡这"勇气之源"的诱惑。在浩瀚无垠的大海上，水手们有了它就会忘记航海的艰辛，会忘记战斗的惨烈，也会忘记死神的眷

▲ 朗姆酒

顾。在那一本本血染的水手日记中，我们也经常会看到这样的字眼："我们全力以赴，所求不多，只为那一点点的朗姆酒……"

为什么说清朝海盗"盗亦有道"

我们知道明清是中国历史上海盗最为盛兴的时期，不仅仅是因为他们强大的武装力量，更是因为他们"盗亦有道"。为什么说他们是"盗亦有道"呢？

清朝的海盗和同时期西方的海盗有着明显的区别，他们攻击的船只主要是海上往来的官船、粮船和商船，而对本国的远洋船只则主要是以收取保护费为主。相比较于实力孱弱的清朝海军，大商船的船主更加信得过大牌海盗的保护承诺，于是便出现了往来船只纷纷向大海盗缴纳保护费的浪潮，而海盗也用实际行动证明了他们这一决定是"明智"的。海盗在收取了船只的保护费之后会给船商发放一种有特殊标记的证件，见证如见人，本部的海盗们在见到船只出示证件后会主动放行，甚至还会专门派海盗船护送他们顺利通过较为危险的海域，所以口碑极佳。海盗之所以能在官兵和西方侵略者的联合围剿下还根基未损，跟其本身的"盗亦有道"也有很大的关系。那些受到过海盗保护的商船在海盗们受到围剿时会自愿为他们提供情报和藏匿地。

第四章

神秘宝藏

《夺宝奇兵》《国家宝藏》……关于宝藏的电影历来都会受到影迷们的疯狂追捧，而海盗的宝藏也是寻宝者们孜孜追求的终极梦想。海盗们劫掠一生、漂泊一世，搜刮来的无尽的财宝却并不能兑换成支票随身携带，只能偷偷地埋藏在某个不知名的山洞或小岛上，以图日后慢慢享用。但人算不如天算，总有太多的阻碍使他们难以重新拥有那用生命换来的财宝。财宝的主人身死之后，那无价的财宝也就成了人们争相寻找的无价宝藏，于是真假难辨的藏宝图纷纷问世，而寻宝的人也此起彼伏。那么世界上究竟有多少关于宝藏的传说是真实的呢，寻宝的最终结果又如何呢？让我们一起盘点那些海盗宝藏的故事。

海盗的宝藏都是以什么形式留存世间的

世界各地都有关于海盗宝藏的传说，或真或假，或离奇或朴实，但它们都能引起寻宝者极大的兴趣。那么这些令人心动不已的宝藏都是以什么形式留存世间的呢？

第一种是沉船型。海盗们的宝藏本来就是从海上劫掠而来的，海盗船在劫掠之后遭遇极端天气或敌手攻击会导致船沉人亡，而财宝也尘归尘、土归土地沉入了大海，这类海盗宝藏并不少见，"圣荷西号"价值超过 10 亿美金的宝藏至今仍在海底，而西班牙的"黄金船队"上超过 4000 至 5000 辆马车的财宝也难觅其踪。

第二种是藏宝图型，这类是海盗宝藏的"经典桥段"，基德船长的"羊皮纸"、粮食兄弟联盟的"金锚链"都是以藏宝图形式留存世间的经典之作，但这类貌似有线索的海盗宝藏从寻宝的结果来看并不比其他方式简单多少。

第三种是宝岛型，这一类的海盗们并没有把珍宝遗落海底，也没有留下虚虚实实的藏宝图蒙骗世人，而是真真切切地把自己的宝藏藏到了海上的某个小岛上，鲁滨孙·克鲁索岛的宝藏、塞舌尔岛上的秘密都是这一类海盗宝藏中典型的藏宝方式。这一类宝藏有两个特点，一个是它们上面不止有一个海盗的宝藏，传言中可能有多个海盗都把珍宝埋在了那里；另一个特点就是它们都还没有被找到……

海盗的宝藏的确存在于世间，不少人因此"飞来横财"而富甲一方，像之后我们要讲到的猎人父子等就是其中的幸运儿，但更多的探寻者最终颗粒无收。所以寻宝当作兴趣可以，如果认真那你就惨了！

海盗头子威廉·基德的宝藏究竟藏在哪里

17 世纪末，在马达加斯加和马拉巴海岸间，著名海盗头子威廉·基德劫持了印度莫卧儿帝国的一支运宝舰队，数以十亿的金银珠宝落在了他的手中。几年后，他在英格兰被处以绞刑，但那不计其数的财富似乎也随着他的死尘封于历史……

基德船长在被捕入狱之后一直拒绝交出巨额的财富，却在其妻子探监期间偷偷交给她一张纸条，但不幸地被当局发现。当局者以为就此便可获得那不可估量的"金山"，却失望地发现上面只写了一组数字——44-10-66-18……很快便有一些自以为是的探宝者把这组数字放到了世界经纬度上，并成功地在西经 44°10′、北纬 66°18′ 处发现了一个叫"加迪纳斯"的小岛，但经过数百年的"挖地三尺"式的探寻，却一无所获。那么这组数字究竟有什么含义呢？ 1932 年，沉寂了 300 年的威廉宝藏貌似有了出世的苗头——一个叫帕尔默的英国人偶然间得到了一个旧水手箱，箱中有三张藏宝图，冥冥之中的线索让他十分笃定这就是传说中的基德船长的宝藏。但是造化弄人，就在帕尔默摩拳擦掌地要大发一笔横财时却突然死了，而他的寻宝之旅至此也就无限期搁置了。随后，又有人从帕尔默的继承者手中买下那"拥有"无限宝藏的藏宝图，但也在踌躇满志的寻宝之旅中遭遇飓风之后不了了之了……

基德船长的宝藏就像是被诅咒的毒苹果，任何试图窥觊它的

▼ 威廉·基德船长在纽约港

人都得到了惩罚，而那无数的财宝也依旧被那一组神秘的数字永恒地尘封着……

"金锚链"宝藏真的存在吗

在北欧地区有这样一个传说——贝克尔船长的"红色魔鬼号"旗舰船上有无数的财宝都被封在船上的桅杆中，其中还有一个雕刻极其奢华的黄金锚链。黄金锚链被埋藏在那深深的沼泽中，而不计其数的金银财宝则被藏在德国北部的吕贝克和罗斯托克之间的某些地点……

这"金锚链"的宝藏真的存在吗？

传说中的贝克尔船长就是 14 世纪横行在北欧的"粮草兄弟会"中最彪悍的头领之一，他在十余年的疯狂劫掠中快速地积聚了巨额财富，但这一切都随着他被斩首而销声匿迹。一个渔民在贝克尔船长死后买下了"红色魔鬼号"旗舰船，就在他准备把这曾饱经战火的战船砍掉烧火时，他发现了那被封存在桅杆中的金银珠宝，其中最显眼的是一条雕工精细的黄金锚链！突发横财的渔民深知怀璧其罪的道理，于是悄无声息地把这无数财宝尽数埋藏在一个秘密的地方……贝克尔船长宝藏确实存在的消息不胫而走，蜂拥而至的寻宝者细心地整理了历史上所有关于"金锚链"宝藏的线索，并划定了很多可能的地方，其中包括古老的维斯比、波罗的海的乌泽地姆、吕根岛、费马恩城堡等，这些地方都

◀ 金锚链

和曾经的"粮草兄弟会"、贝克尔有着千丝万缕的联系，但迄今为止依旧没有一个人找到那传说中的"金锚链"。

"圣荷西号"沉船上究竟有多少珠宝呢

大航海时期的西班牙宝船是史学家和寻宝者都津津乐道的不老话题，而 18 世纪初期的"圣荷西号沉船"则是这些话题中"含金量"最大的一个，那么"圣荷西号沉船"上到底有多少珠宝呢？

　　1708 年 5 月 28 日，满载宝物的西班牙大帆船"圣荷西号"正航行在从巴拿马返回西班牙的途中，一帆风顺的航程使得船长费德兹异常轻松，全然忘记了西班牙正与英国、荷兰等国处于敌对状态，而他也全然没有想到当时英国的著名将领韦格率领一支强大的舰队正在附近巡逻……6 月 8 日，当睡眼惺忪的西班牙船员们发现不远处一字排开的英国军舰时，所有人都愣住了！没有警告，没有宣战，英国舰队在第一时间就用密集的火炮对"圣荷西号"进行了猛烈的轰击，海水很快便吞噬了"圣荷西号"，而船上无数的珍宝也随同 600 多名全副武装的船员一起沉入了海底……

▼ 沉在水下的船体

据记载，当时"圣荷西号"上装载满满的都是金条、银条、金铸灯台和珠宝等财物，总价值在 10 亿美元以上。如此巨额的宝藏自然不会少了追求者，经过无数探宝者的测定之后，最终把"圣荷西号沉船"的位置定在了距离哥伦比亚海岸约 26 千米的加勒比海中。面对这众人皆眼红的天价宝藏，哥伦比亚在 1983 年庄严宣布："圣荷西号"是哥伦比亚的国有财产，不容他人侵犯！于是冒着承担 3000 万美元打捞费的风险，哥伦比亚开始策划打捞行动，但是至今仍然没有消息传出，究竟结果如何，我们也只能耐心等待了！

什么是"塞舌尔的秘密"

你知道什么是"塞舌尔的秘密"吗？

说起这个秘密就不得不提起"隼鹰"奥利佛·勒瓦瑟尔。奥利佛是 1716 年到 1730 年间印度洋上最令人闻风丧胆的海盗。十几年的劫掠生涯使奥利佛有了响亮的名头，但真正使他闻名世界的是他临死前的一个惊世之举——1731 年 7 月 17 日，奥利佛在圣·丹尼斯海滩被下令处死，在行刑之前他把怀中的藏宝图抛向了远处，并大声喊道："去寻找我的宝藏吧，看谁有这个能耐！"之后冷笑着死去了。

奥利佛的宝藏据称有 6 吨多白银、5 吨黄金、大量珠宝以及印度国王加冕时的宝剑，还有那举世无双的十字勋章。这耀眼的

▲ 塞舌尔群岛

▼ 沉在水下的宝藏

财富诱使人们使出浑身解数来破解他的藏宝图，但那复杂难解的密码使得所有人都感觉力不从心。塞舌尔群岛是奥利佛"金盆洗手"之后准备安享晚年的地方，而这里也被认为是他最有可能埋藏宝藏的地方，或许就在岛上某个隐秘的山洞中。但迄今为止，那个山洞依旧未被找到……

现在的塞舌尔依旧被浓郁的寻宝热潮所覆盖，所有寻宝的资料和藏宝图都被陈列在巴黎的国家图书馆中，而只要申请得到了塞舌尔政府的寻宝许可，你就能去探索"塞舌尔的秘密"了！

鲁滨孙岛上的 846 箱黄金究竟被埋藏在哪里

一个叫塞尔柯克的水手与船长发生纠纷并被赶上无名岛，孤身一人生活了四年零四个月之后，他被过路船只带回了英国。塞尔柯克就是笛福的小说《鲁滨孙漂流记》中的人物原型，随着该书的火爆发行，水手塞尔柯克待过的那个无名岛也被正式命名为鲁滨孙岛，而今天我们要讲的就是关于这个岛的传说。

传说西班牙贵族胡安·埃斯特万·乌比利亚·埃切维利亚在鲁滨孙岛上埋藏了一笔巨额财富。一直以来都默默无闻的鲁滨孙岛随着宝藏传言的风行而迅速地火了起来！传言中，鲁滨孙岛上的宝藏有 846 箱黄金、160 箱金币、200 块金锭和 21 桶珠宝，总价值至少 100 亿美元，光听这总额就足以让人为之疯狂了！从

1940 年开始，鲁滨孙岛的寻宝热达到了一个高潮，世界各地的寻宝者带着各式各样的专业设备纷至沓来，试图拂开那天价宝藏的历史尘埃。美国的凯泽尔是笃信宝藏传言并有所收获的富豪之一，经过 5 年的坚持，他在岛上发现了大约 10 千克的中国古代瓷器，但传言中的巨额宝藏依旧只存在于传言中，貌似鲁滨孙岛的寻宝之旅又将无疾而终了……

　　时间定格在了 21 世纪初，瓦格纳救援公司曾突然宣布他们已通过高端的技术手段精确地定位了鲁滨孙岛上宝藏的具体位置，并且宣称只要 12 个小时就能让这天价宝藏重见天日！但随后而来的宝藏如何分配的问题，却让发掘该宝藏的工作陷入了泥

▼ 鲁滨孙岛

淖。而可以确定的是，如果该宝藏真的被发掘出来，这将是人类史上最伟大的宝藏发现！

大名鼎鼎的"黑胡子"一生的财富都去了哪里

"黑胡子"爱德华·蒂奇是世界海盗史上最著名也最臭名昭著的船长之一。他出生于英国，年轻时当了水手，后来成为大海盗本杰明·霍尼戈尔德船长的手下。后来，蒂奇自立门户，组建了自己的海盗舰队，一生都在无尽贪婪的劫掠中度过，所有人都确信他肯定积聚了无数的财宝，但他死后，人们没有找到他一丁点财宝的痕迹，就连线索也少得可怜，那么这个海盗枭雄的一生财富都去了哪里呢？

1718 年，"黑胡子"在遭遇战中被梅纳德中尉率军在混战中杀死，自此，人们探寻"黑胡子"宝藏的脚步就没有停歇过。皇家海军的军官们在杀死"黑胡子"之后便开始对他的海盗船进行"地毯式"的搜索，但除了 145 袋可可豆、11 桶葡萄酒、1 桶蓝靛和 1 包棉花，他们一无所获……随后人们又试着对"黑胡子"生前所有的住所和有联系的地方展开了搜索，结果还是无功而返，人们不得不佩服他的狡猾和老到——或许真的如他生前所言："除了魔鬼和我本人，谁都找不到我的宝藏！"

小贴士

　　1997 年，也就是"黑胡子"的"复仇女王安妮号"沉没了 270 年之后，美国的一位潜水员在距北卡罗来纳州 200 米处——被人们称为"飓风走廊"的海底发现了它的踪迹。人们希望能够在这艘船上找到一些财宝，但打捞这艘船是一件非常困难的事，目前还没有什么进展！

▼ 海盗船

科科斯岛为什么会成为众多海盗船长的藏宝之地

英国海盗爱德华·戴维斯，葡萄牙海盗贝尼托·博尼托船长，苏格兰海盗威廉·汤普森——这三个人无论哪一位都是在西方海盗史上响当当的人物。毕生的海盗生涯让他们积聚了大量的财富，最终却不约而同地选择把毕生的心血放在同一个岛上——科科斯岛，那么这个小岛究竟有什么独特之处呢？

科科斯岛位于中美洲南部，东临加勒比海，西濒太平洋，北接尼加拉瓜，东南和巴拿马相连，地理位置十分优越。除此之外，气候多样也是这里的一大亮点，大小仅 24 平方千米的地方却有热带、亚热带、暖温带和寒温带四种气候，物种多样且海底生物绚烂多姿。科科斯岛历来就是各时期海盗们的大本营和后勤保障中心，英国海盗德雷克曾在自己的环球航行中明确地把这里标注为众海盗的武器库和仓库。或许正是由于科科斯岛所传承着的浓郁的"海盗文化"，才使得那些名震一方的海盗头领们选择把自己的一生所得悉数埋藏于此。

据说，爱德华·戴维斯在这里埋藏了 733 块金子，贝尼托·博尼托船长把他的 7 吨财宝都藏在了这座小岛上的某个峡谷中，而威廉·汤普森的宝藏则更为壮观，光是黄金饰品的总量就达到了 20 吨之巨……

▲ 海盗在埋藏宝藏

科科斯岛被称为是世界上宝藏最多的小岛。1978年，它所属的哥斯达黎加政府正式宣布封闭该岛，严禁任何人挖掘宝藏，旨在保护岛上那已日渐脆弱的生态系统，至此，这个一直沉浸在探宝喧嚣中的小岛才终于回到了久违的平静。

阿拉伯海的100桶金币有历史依据吗

在阿拉伯哈里发管区、东非海岸桑给巴尔岛以及马达加斯加岛之间有一条著名的传统商路，各种丝绸、香料以及象牙通过这条商道被运送到世界各地，而让这条商道闻名的另一个原因就是它曾经是殖民者们运送非洲黑奴的海上通道。这条"血泪的海上之路"在繁荣的同时也格外受当时的海盗们的青睐，至今这条商道上还流传着100桶金币的传说，那么这个传说是真的吗？

19世纪20年代是该航线最发达的时段，而蒂皮·蒂普则是当时阿拉伯海域最著名的海盗。一次，蒂普船长盯上了一支满载货物和100桶金币的船队，就在他们尾随其后准备伺机发动进攻时，船队遇上了暴风雨。这个船队上的船员机警地在大船被掀翻前把100桶金币转移到小艇上并通过一条隐蔽的河流运到了盖地城邦。但这一切都被作战经验丰富的蒂普船长看在眼里。这些船员们把金币埋藏好了之后约定改日再来平分财物，但美梦在他们归途中见到蒂普时便破碎了。极度自信且嗜杀成性的蒂普在第一时间就选择了把这些船员悉数杀光，但之后他才知道他做的这个决定有多么的愚蠢！他以为凭借他对盖地城邦的了解和掌控，不费吹灰之力就能把那宝藏拿在手里，但经过了多次的地毯式搜索后一无所获……

1884 年，英国人约翰·基尔克爵士用一把砍刀在浓密的热带丛林中找到了盖地城邦的旧址，而蒂普船长的大名和 100 桶金币的传说也随之流传开来，世界各地的寻宝者蜂拥而至，承受着热带巨蚁和蚊虫的袭击翻遍了这里的每一寸土地，但传说中的金币始终没有踪影。迄今为止，那批神秘的宝藏依旧静静地躺在某个角落里，或许能找到它们的只有时间了。

▼ 藏着财宝的海盗洞穴

沉睡在海底的"黄金船队"究竟有多少财富

　　16 至 17 世纪是西班牙发展的巅峰时期，然而进入 18 世纪之后西班牙已经初显颓败之势，财政紧张的西班牙政府急令南美洲的殖民地运送黄金回国救急，但这笔救国巨款最终沉睡海底。运送黄金的船队究竟发生了什么意外？而声势浩大的"黄金船队"又究竟有多少财富呢？

　　1702 年，财政窘迫的西班牙政府命人从南美洲殖民地运送了满满 17 艘帆船的黄金回国救急，担心海盗袭击的他们这一路都走得战战兢兢，但真正的威胁到了亚速尔群岛时才浮出水面！一支英荷联合舰队和他们狭路相逢，寡不敌众的西班牙船队仓皇逃走，躲入了当时隶属西班牙的维哥湾避难。面对维哥湾外严阵以待的英荷联军，船队最佳的选择就是放弃走水路，改走陆地把黄金运往马德里。但当时的西班牙明令，凡是从南美运来的黄金都必须到塞维利亚市签收，不可违背！在法令面前船长屈服了，除了少量的黄金在皇后的坚持下改走陆地外，所有的黄金船队都被下令待在维哥湾，固守待援。对财富的极度渴望使超过 3 万众的联合舰队对维哥湾进行了最猛烈的进攻，在三千余门重炮的轰击下，西班牙舰队很快便全线溃败，绝望中的西班牙船长下令烧毁船只，霎时间火光四起，一座真正的"金山"在悲壮中沉入了海底……

▲ 维哥湾

　　据估计，该"黄金船队"一共有超过 4000 至 5000 辆马车的黄金和各式珠宝，除联合舰队当场缴获少量的财宝外，绝大多数的财宝都沉入了维哥湾海底。几百年来不断有冒险者在那里找到过绿宝石、紫水晶、珍珠和翡翠等珠宝，但岁月无情，随着时间流逝，大部分的宝藏都被泥沙深深地埋在了海底，为当地海域蒙上了一层神秘的色彩。

1000 年前的维京海盗宝藏是怎样被发现的

　　在公元 8 至 11 世纪的漫长岁月里，维京海盗都是北欧海上当之无愧的王者。他们攻城略地，横扫欧洲沿岸，在短时间内聚集了大量的"不义之财"，但这些财宝大都随着维京海盗退出历史舞台而销声匿迹了。然而，1000 年后，在遥远的英国，一笔维京海盗宝藏却突然重见天日，它是怎么被发现的呢？

达伦·韦伯斯是英国一名普通的寻宝猎人，对寻宝有着超乎常人的热情和坚持。2011 年 12 月 19 日，他像往常一样拿着金属探测器漫无目的地行走在乡间的田地中，金属探测器的报警声令他瞬间激动起来，就在那田地的地下仅仅 45.72 厘米处他挖掘到了一个装着 27 枚银币和各式珠宝的铅制容器，他做梦都期待的这一刻终于来临了！专家经过测定，一致认为这些宝藏属于 1000 多年前的维京海盗，现在至少价值 77 万美元！很显然，这些宝藏并没有经过精心的埋藏，更像是仓皇之中留下的，或许当时的他们只是想着临时存放在那里，但没想到这一存便是 1000 多年！

▼ 维京硬币

最终，英国兰开斯特的博物馆买下了这笔宝藏，而所得也被平均分配给了韦伯斯和该土地的拥有者。

号称海中第一宝藏的"阿托卡夫人号"是被谁发现的

你知道海底的哪艘沉船上会有 40 吨的财宝吗？你知道哪艘沉船会价值至少 4 亿美金吗？

16 至 17 世纪是西班牙的鼎盛时期，奉行掠夺政策的西班牙政府在南美建立了一个又一个的殖民地，并且源源不断地用船只把南美的黄金运回本国。既然是黄金船队，那船队防卫工作可以想象有多谨慎和到位，而"阿托卡夫人号"就是当时一支由 29 艘帆船组成的黄金船队的"终极护卫舰"。作为火力最为强横的护卫舰，"阿托卡夫人号"自然承载了最多、最贵重的财宝。但无奈的是强大的火力可以吓退垂涎不已的海盗，但是面对海上无敌的飓风只能"束手就擒"——一场超级飓风袭击了这支运宝船队，无数的金银财宝沉入了海底。

梅尔·费雪是美国鼎鼎有名的寻宝人，他在 1955 年成立了一个名为"拯救财宝"的公司，并先后打捞起 6 艘赫赫有名的西班牙沉船，一时间成为当地名人。但他一直有一个心病，那就是"阿托卡夫人号"还未被打捞出水，他发誓一定要打捞起那传说中神奇的"护卫舰"！经过 30 年的苦苦坚持和不懈寻找，在 1985 年的 7 月 20 日，他迎来了自己一生最闪耀的时刻！"阿托卡夫人号"带着数以吨计的宝藏在费雪和他的家人面前浮出了水面！

这艘沉船上一共有超过 40 吨的财宝，光黄金就有近 8 吨之多，宝石也有 500 千克，粗略估算总价值约 4 亿美金！"寻找阿托卡"成为美国人耳熟能详的故事，"只要功夫深，铁杵磨成针"的精神在费雪身上得到了完美诠释！

澳大利亚的洛豪德岛为什么被称为"宝藏岛"

"岛不在美，有宝则名"，有宝藏传说的海中岛屿历来是备受人们追捧的对象。澳大利亚的洛豪德岛也是这样一个举世闻名的"宝岛"，那么这个小岛上都有哪些宝藏呢？

在 16 世纪的 50 至 70 年代，西班牙人沿着哥伦布的环球航迹成功征服了南美洲，并从当地印第安土著手中抢夺了无数的黄金财宝，源源不断地运载回国。这一切都被当时的海盗们看在眼里。在一次航行中，海盗成功劫掠了西班牙的一艘满载黄金的宝船，夺取了所有财宝，但由于数量过于巨大，无法一次性带走，所以海盗们只得把它们埋藏在洛豪德岛上，并一起发誓要严守秘密，日后共享富贵！但宝藏的诱惑实在是太大了，一些海盗企图独吞财宝。于是，一场血腥的火拼毫无悬念地发生了！胜利者带着藏宝图远走天涯，自此过上了衣食无忧、纸醉金迷的生活。洛豪德岛的盛名也在无意间传了出去……

到了 17 世纪 70 年代，一个叫菲波斯的人偶然间得到了洛豪德岛的地图，欣喜若狂地踏上了寻宝之路。登上荒岛之后，菲波斯四处寻找，但没找到任何关于宝藏的线索。就在他快要放弃的时候，一次无意中的沙滩之行成就了他的一生！在沙滩上他发现了一个超大的珊瑚礁，在其中找到了传说中的宝藏——整整 30 吨的金银珠宝，他喜不自胜地将这些财宝装上了他的帆船！满载而归的他给其他的寻宝者点燃了希望。于是各种各样的藏宝图应运而生，人们争相赶赴那里，但是除不断传来的死讯之外再也没有任何宝藏的消息。

在瑞典的阿兰达机场发掘出的海盗宝藏有多少年的历史

宝藏对考古学家来说是"会说话的证据"，他们可以透过宝藏洞察到那个时代的面貌，也可以纠正很多对历史错误的认识。

在对瑞典的阿兰达机场附近的一个青铜器时代的墓穴进行挖掘时，考古学家意外地发现了来自 1000 多年前的海盗宝藏——472 枚银币。一直以来，学术界普遍认为海盗们在公元 800 年的时候才开始将钱币带回本国。依据钱币的高水准铸造工艺，考古学家有理由相信这些钱币在被埋入土中之前就已经流

▲ 维京硬币复制品

通了几个世纪之久，也就是说发生大规模的海上贸易的时间要比我们以往认为的时间早得多！这些钱币大多数来源于阿拉伯国家，而少数最古老的钱币则来自波斯，这点和文字记载的历史相吻合。

这笔宝藏被认为是迄今为止瑞典发现的数量最大的早期海盗宝藏，考古学家对它们也颇感兴趣。有些人认为是用墓地的地标来做标记，意图日后取回；也有人说这些都是后代在埋葬先人时贡献的祭品。但无论真相如何，这批 1000 多年前的宝藏横空出世，成功纠正了我们一直以来对历史所犯的认知性错误。

失踪的神秘"琥珀屋"究竟落到了谁的手中

　　1709 年，以追求奢华享受著称的普鲁士国王腓特烈一世在心血来潮之际，下令建造了一座富丽堂皇的建筑——"琥珀屋"。"琥珀屋"面积仅约 55 平方米，但无论是地面、天花板还是室内的装饰面板都是用极尽奢华的琥珀筑就的，堪称稀世珍宝。腓特烈一世对此珍爱不已。1716 年，为了与俄国结盟，继任国王威廉一世忍痛割爱把它送给了彼得大帝，它在俄国的继位女皇叶卡特琳娜一世的修整之下成为皇宫的镇殿之宝。

　　第二次世界大战期间，德国占领苏联，久闻"琥珀屋"大名的法西斯组织在第一时间就把这座"珍宝"拆卸运往柯尼斯堡了。"二战"后，"琥珀屋"下落不明，寻宝组织发起了寻回"琥珀屋"的号召，并且沿着一条又一条似是而非的线索苦苦探寻——先是根据某位德国人的指点，在波罗的海打捞到了 17 个箱子，但打开之后发现箱子里只不过是普通的滚珠和轴承；之后又在德国找到了可能知情的罗德教授，但他在说出"藏宝"的具体位置时突然暴毙身亡；随后的线索又让寻宝者的目光投向了一位名叫库尔任科的苏联妇女，她曾被任命负责保管包括"琥珀屋"在内的大量珍宝，但她说出了一个所有人都不愿接受的答案：德国溃败之际，疯狂的法西斯军人一把火烧毁了大多数的艺

▲ 腓特烈一世雕像

术珍品，但她不确定"琥珀屋"是否毁灭于那场大火，寻宝者的搜寻工作一度陷入僵局⋯⋯

线索依旧如雪花般飘向寻找"琥珀屋"的寻宝组织，一名自称是纳粹军官后代的青年提到"琥珀屋"或许被隐藏在一个叫斯泰因达姆的地下室中，事实究竟如何我们却不得而知。

诡秘莫测的"钱坑"究竟隐藏着怎样的秘密

美国作家马克·吐温在他的名著《汤姆·索亚历险记》中曾这样说道：海盗的宝藏都被埋藏在死亡的枯树下面，夜半时分的树枝阴影所对的便正好是宝藏的位置。加拿大橡树岛上的海盗宝藏便十分合乎这种说法。

橡树岛位于加拿大的东部，岛的长约 1200 米，最宽处也不过 800 米，因岛上曾有一棵巨大的橡树而得名。别看一个这么小的海中孤岛，它可是大有来头！ 17 世纪的橡树岛是海盗经常出没的地方，而威廉·基德就是其中最著名的一个海盗。1701 年，威廉在伦敦被处决，临死前他试图用一处宝藏来换取性命，但遭到拒绝，于是宝藏的位置便也随着他的死亡而成了谜。

不少人都相信马克·吐温所说的藏宝地就在橡树岛上。1795 年，三个年轻的猎人来到橡树岛游玩时被一棵很古怪的老橡树吸引到了。在这棵树高 3 米多的地方，有一根粗树枝被锯掉了一截，而保留在树干上的那部分树枝上有几道深深的刀痕，这根树枝相

▲ 加拿大橡树岛

对应的地面处也有挖掘、掩埋的痕迹。种种迹象表明这里有可能就是传说中的藏宝之地！于是游玩变成了寻宝，三个猎人轮流开挖，却发现每挖 3 米就会碰到一个橡木板，无奈之下只好作罢。

1803 年，又有一群人来到这里挖宝，当他们挖到 27 米深的时候发现了一块石板，上面刻有"下面 12 米深处埋藏了 2000 万英镑"的字样。欣喜若狂的人们加快了挖掘的步伐，并很快触碰到了像箱子一样的东西！惊喜之中的人们已经开始筹划分配宝藏的问题，但次日醒来一看，坑中居然灌进了超过 18 米深的水。不忍看到就要到手的宝藏没了，于是人们重新开始挖宝，但周而复始了 15 次之后，他们并没有找到传说中的宝藏，只好白白丢掉了 2000 万英镑……

> **"在老洗衣室房间的洞穴里，在第三个壁架上，有 65 块黄金。"**

藏宝图历来都是一个十分神秘的存在，根据若有若无的线索，极少的幸运儿找到宝藏满载而归并成就一段佳话，但更多的人只能无奈地徘徊在寻宝的路上。下面我们要讲述的是一个内容十分"充实"的藏宝图，但人们对它又爱又恨，这是为什么呢？

1952 年，有人在靠近约旦河西岸的一个荒凉的洞穴中发现了一个令所有人至今都难以释怀的藏宝图——"残缺的死海铜卷轴"。铜卷轴上满满地充斥着古老的希腊语和希伯来语，考古学家依稀可以辨认出该卷轴上描述的是遍布世界各地的 64 处宝藏的藏宝地点，大约有 26 吨黄金和 67 吨白银，考古学家粗略估计认为宝藏的总价值在 10 亿英镑以上！宝藏的价值令所有人都心动不已。同时，铜卷轴上有线索表明其中一处藏宝地就是朱迪亚，此地可能位于今天的耶路撒冷神庙附近，但是人们在那里并没有找到有价值的宝藏。而在其他地方人们则先后发现了熏香和铜制品等和宝藏丝毫"不沾边"的物品，人们开始慢慢失去了对巨额宝藏进行探索的热情。铜卷轴上还有一个谜团就是上面充斥着类似这样的话："在老洗衣室房间的洞穴里，在第三个壁架上，有 65 块黄金。"但是"老洗衣室"在哪里人们却不得而知……

　　这样令人束手无策的藏宝图，又怎能不让人又爱又恨呢？

第五章

名传千古的骑士

在遥远的中世纪时期，欧洲有一类人叫作"骑士"。他们穿着光亮的铠甲，拿着锋利的武器，骑着彪悍的骏马，高举正义、仁慈、扬善除恶的旗帜，保卫一方国土。骑士制度是在特定的社会环境中形成的，是国家的军事力量，因而骑士虽然属于贵族，却与真正的贵族有很大区别。他们像贵族一样享有封地，但是肩负着为国王服兵役的责任。骑士不但与贵族不同，骑士之间也有很大的区别。骑士分为不同的等级，他们获得的勋章也彰显了彼此之间不同的身份。为什么中世纪被喻为"骑士时代"？在走过了一段那么辉煌的时代之后，骑士制度为什么会衰落呢？

现在，让我们一起走进中世纪，来了解"骑士"这一类传奇的人物吧！

什么是骑士

提起骑士，可能有人立刻就会想到英国作家马洛礼的《亚瑟王之死》。在这本书里作者客观地整合历史传说，为后人重现了传说中亚瑟王时期的骑士精神。但是，马洛礼的著作只能为我们了解骑士提供一个契机，要想真正地了解骑士是一个怎样的群体，必须首先为其下一个精确的定义。

在欧洲的中世纪时期，诞生了骑士制度。在骑士制度刚出现的时候，骑士只是一些受过正规军事训练的骑兵。后来，随着时间的推移，"骑士"这个词的内在含义发生了很大的变化，骑士逐渐演变成一种荣誉称号，并且成为一个独立的社会阶层。中世纪的欧洲战乱非常频繁，为了能打胜仗，国王和大贵族就必须训练出一些战斗力强的优势兵种。为此，国王和大贵族付出了许多金钱和时间，选拔年轻有为的男子，将他们培养成骑士，说白了，骑士就是为国王和大贵族打仗的一类人。

在古代欧洲，骑士的身份往往不是继承来的，能否成为骑士与地位有关。通常来说，农奴的儿子基本不会成为骑士。而贵族的儿子，尤其是大贵族的长子，是当然的骑士。同时，一个人的体格和作战技术决定了他能否成为一名骑士。一个人一旦享有了骑士的身份，在得到诸如封地和俸禄的同时，就必须承担为领主服兵役的义务，因为这就是领主培养骑士的目的。

▶ 中世纪骑士

为什么会有骑士

据统计，在骑士制度发展到鼎盛时，欧洲平均每个国家有 6 万多名骑士。领主们为什么要培养这么多骑士呢？

欧洲中世纪的骑士制度诞生于加洛林王朝的法兰克王国，是

▲ 围攻城堡的骑士

法兰克宫相为抵抗阿拉伯骑兵而创制的，随后在欧洲的其他国家
也逐渐风靡起来。要想了解领主们为何对骑士如此钟情，首先要
了解当时的社会状况。中世纪的欧洲很不安宁，权贵之间为了争
夺土地，经常发动战争，于是领主们纷纷建起了城堡，并且要为
城堡配备十分有力的军事防卫力量。骑士就是领主们选拔出来，
为自己作战，保卫自己领土的一类人。

　　领主们之所以选择骑士而不用雇佣兵，这有一些其他原因，
那就是骑士与别的兵种相比有很多令人望尘莫及的优势。骑士一
般出身贵族，他们本身素养很高，再加上骑士的选拔制度十分
严格，还要经过长达十几年的训练，作战能力可想而知。一般而
言，骑士都有自己的封地，在不作战的时候，他们就待在自己的
封地中，很少和领主有什么牵连。而且，骑士的装备都是自己准

备，这也为领主省去了许多开支。

为了保卫自己的领土，为了同敌人进行斗争，为了抵抗阿拉伯骑兵的侵略，骑士制度应运而生。

骑士的身份是怎样被认定的

在欧洲，享有封地和贵族权利的人有两种，那就是骑士和大贵族，但是骑士和大贵族的区别一直是人们讨论的热点。到底如何认定骑士的身份呢？

首先，骑士是贵族的一种，在农民和普通小手工业者眼里，他们都是"贵族老爷"。因而，判断一个人是否是骑士，最先要确定他是一个"小贵族"，有自己的土地和城堡，而且手下有几个农民帮着种地。

其次，骑士是国家军事力量的重要组成部分，拥有精良的装备是骑士军人身份的突出表现。骑士一般都有自己的铠甲、剑、矛、马匹。假如来到中世纪，你到一个贵族的城堡中做客，想要弄清这个贵族是不是骑士，只要在各个房间里转一转，看看这位贵族有没有一套独属于自己的铠甲，如果有的话，他无疑就是一名骑士。

再次，骑士兼具"贵族"和"士兵"两种身份。骑士与士兵的区别在于：骑士有自己的封地，只在特定的时间负有为保卫领主的土地而战的义务；士兵则随时待命于兵营，没有自己的封地，只领取少量的军饷。

　　掌握了以上三点，就不难辨别一个人究竟是大贵族还是骑士，究竟是骑士还是士兵了。

▼　授予骑士称号仪式

骑士有什么义务

　　穿着帅气的铠甲，骑着高头大马，手中拿着利剑和盾牌，骑士表面上看起来十分光鲜，但是如其他职业一样，骑士也有自己的义务。如果他完不成自己的本职工作，很可能会丢了饭碗。

　　骑士是在军事采邑制度下诞生的，国王或大贵族将自己的土

▼ 农民与骑士

地分割成小块，一块一块地分出去，使那些没有土地的小贵族成为骑士。他们这么做究竟是图什么呢？天下没有免费的午餐，领主们将土地分给骑士可不是白给的，骑士在接受土地的时候必须向领主宣誓效忠，并答应领主在他需要的时候为其作战，这就是骑士应尽的义务。可以说，领主册封骑士的目的就是让他们替自己打仗，可谓"养兵千日，用兵一时"啊！

骑士和普通的士兵有很大的不同，除了领主召集出战之外，骑士一般都待在自己的封地。而且，骑士不像普通士兵那样由国家发放军饷，他们唯一的收入来源就是领主分封的土地。因而，骑士除了作战之外，还负有管理自己的土地，并将土地上的一部分收入缴纳给领主以当作税款的义务。

正是因为骑士负有这么多义务，所以说这一社会阶层与"大贵族"有很大的区别，骑士实际上是"小贵族"，要受"大贵族"的领导。这也是他们经常穷困潦倒、入不敷出的原因。

小贴士

在平民眼里，骑士和贵族没什么区别，因为他们都有土地，都可以命令别人。

因为要作战、服兵役，骑士和贵族相比会多出一项很大的开支——在战争时自备武器和马匹。骑士的收入本来就不多，这项开支无疑是雪上加霜，他们和贵族之间在经济上的差距也就越来越大了。

什么是骑士勋章

　　了解骑士制度的人一定对嘉德勋章、金羊毛勋章之类的骑士勋章不陌生。事实上，直到现在法国还沿袭着拿破仑设立的骑士勋章制度，向某些著名的人颁发象征荣耀的骑士勋章。

　　在我们的印象里，骑士勋章象征着荣耀，但是在一开始，骑士勋章和荣耀没什么关系，它们只是用来在战场上区别彼此的标

▶ 佩戴勋章的骑士

志。当时，每个骑士贵族都会为自己设计一个独特的标志，并将其用在盾牌、战袍、旗帜和印章上。穿上装饰着骑士标志的外衣，让人很容易就可以将他同其他的骑士区别开来。骑士勋章的盛行，促成了宗谱纹章院的诞生。宗谱纹章院是一个专门为骑士设计独特标志的独立的组织，他们设计出来的勋章既美观又独特。正是因为每个骑士都痴迷于制作勋章，那些有心眼儿的国王便开始从勋章上做文章了。他们专门设计一些华丽的勋章，并刻上崇高的标语，声称将它们颁发给那些最伟大、为国家贡献最多的骑士。骑士们为了获得这些勋章，在作战时就会更加拼命。

在英国，只要被授予嘉德勋章就能成为赫赫有名的袜带骑士团（或称嘉德骑士团）。嘉德勋章起源于中世纪，是历史最悠久的骑士勋章，也是英国荣誉制度的最高一级。包括王室在内，只有极少数人能够获得这枚勋章。法国的骑士勋章却与嘉德勋章完全不同，它可以给外国公民颁发。

骑士精神是什么

在古代，骑士作为贵族中的一员，之所以会受到比其他贵族更多的尊重和爱戴，不是由他们贵族的身份决定的，而是由他们骑士的身份决定的。欧洲的骑士一直坚守"骑士精神"，这使得他们成为人们心目中最优秀的一个阶层。

骑士有八大美德，分别是谦恭、正直、怜悯、英勇、公正、

▲　国王和他的扈从

牺牲、荣誉和灵魂。有人对这八项美德进行了总结，认为骑士道的核心精神是"忠君""尊重妇女""扶助弱小"。事实上，一个阶级的道德由哪些因素组成和社会对这个阶级的要求是分不开的。骑士道之所以存在、被宣传和被遵守，是因为它代表了封建主阶级的利益，因此效忠国王是最基本，也是最容易被理解的道义。骑士是国家的军事力量，又是贵族阶级，因此维持端庄的礼仪是骑士最基本的义务之一，这就决定了骑士必须尊重女性。骑士双刃剑的双刃代表"为上帝而战"和"扶助弱小"，对于一名骑士而言，既然他有战胜邪恶力量的本事，就该在弱小群体需要帮助的时候挺身而出。这不仅维护了骑士阶层的荣耀，而且让骑士的领主们因为手下有这样的骑士而倍感光荣。

除此之外，宽容被自己打败的对手、光明正大地决斗、语言谨慎谦恭等也是骑士精神的题中之意。虽然这些骑士道德不能每一项都被严格执行，但是作为一种道德标准，骑士们仍旧深受骑士精神的约束，并朝骑士精神所提倡的方向努力着。

小贴士

　　每个骑士候选人在修完自己的课程之后，都会在一个隆重的场合，由大贵族或教会成员为其举行册封仪式。在骑士册封仪式上，每个骑士都会被赐予一把双刃剑，骑士死后他的剑会随葬或者挂在他的墓碑上，由此可见这把剑非同一般，对骑士来说意义重大。

有没有女骑士

历史上女王并不罕见，那么有没有女骑士呢？

一般来说，骑士制度是不接纳女性成员的，但是史书上却时常有女骑士出现。无论是古代欧洲还是古代中国，都对女人的身份进行了很多限制，在欧洲没有哪个正统政权承认过女人有资格当骑士。优秀的女骑士确实存在，但是她们并不是被正式册封的，多是因为其勇敢和善战而被百姓和军队承认的，并没有国家颁发的资格证。历史上也有自称从骑士学校毕业的女骑士出现，

▼ 女骑士

但是如果细查起来，这其中都有内幕。一般而言，这些所谓的"正宗女骑士"都是城堡领主的女儿，由于她逞强好胜，把来这里进修的孩子们都打败了，领主和其他的骑士毫无办法，只得承认她。由于骑士制度有诸多严格而古怪的要求，因而几乎所有女骑士是贵族或宗教人士家庭出身。

但是毫无疑问，这些女骑士都和花木兰一样勇敢而坚强。她们的存在不仅是战场上一道亮丽的风景线，还使得骑士文学有了一丝浪漫的色彩。

骑士为什么会变得越来越穷

事实上，欧洲的骑士不但过得不富裕，而且变得越来越穷。现在让我们一起看看骑士们是如何落得这般下场的。

骑士虽然想尽办法创收，但是生活水平却每况愈下，这到底是怎么回事呢？要想弄清楚这个问题，我们必须了解一点：骑士是受三重剥削的。在古代，每个骑士都要受到封建领主、铁匠和教会人士的三重剥削，这样说会不会言过其实呢？我们一分析你就知道了。骑士为国王或大贵族打仗是不发工资的，他们的收入全都在受封的一亩三分地上。

国王和大贵族是骑士的领主，他们剥削骑士不难想象，那铁匠是怎么剥削骑士的呢？骑士的武器装备是在铁匠那里回收和中转的，铁匠们会收集阵亡骑士的遗物，再将它们转卖给其他健在

▲ 贫穷的堂吉诃德和他的仆人桑丘

的骑士，从中牟取利益。除了支出多之外，由于物价上涨，农产品价格下跌，只依靠田产收入维生的骑士生活就更加潦倒了。教会虽然对骑士有各种优待，但羊毛出在羊身上，除了各种苛捐杂税以外，教会还向骑士们兜售补血药，欺骗他们只要喝了"受祝的神水"，伤口就会痊愈。虽然骑士对此半信半疑，但一受伤也就不管真假，直接掏钱买下了。

　　由此可见，骑士变穷是有很深刻的社会原因的。难怪虽然被奉承得很伟大，但许多贵族还是不愿意去当骑士，这是因为骑士的生活的确十分拮据，他们都是打掉了牙往肚里咽啊！

骑士为什么要佩戴信物

　　骑士阶层有许多独有的风俗，决斗、赎身金都是骑士的专用名词，除此之外，骑士还会佩戴信物。决斗是为了展现自己的勇敢和武艺，赎身金是为了获得人身自由，那么骑士佩戴信物有什么用呢？

　　作为一种独立的社会阶层，骑士们有独属于自己的行为准则：仁义、道德、忠诚。事实上，那些早期的骑士是为了表明自己对国王的忠心才佩戴信物的。不过，随着时间的发展，定情信物也跟着流行起来。如果你看到一个骑士胳膊上系着一块丝巾或

▼　拿着红玫瑰的穿着盔甲的骑士

者脖子上戴着一串女式项链，那一定是某个女子送给他的信物。女子通常在骑士参战前或在离别的时候送上自己的信物，她们一般将自己身上的一件饰品取下来给骑士戴上。骑士一旦接受，那他就有责任一直戴着它，直到与女子没有关系了或二人正式结婚时才取下。骑士对定情信物的重视也说明了一个问题：骑士的确是讲道义的人。他们既然接受了女子的信物，便向女子立下了誓言，这辈子一定要和她结为连理。

骑士佩戴信物这一习俗直到现在还能在欧美的电影里看到。

骑士的马是哪儿来的

作为一名骑士，光有一套铠甲是不够的，之所以有"骑士"这么一个名字，就是因为他们是骑在马上作战的。每个骑士都需要有两三匹战马，那么他们的马是哪儿来的呢？

"骑士精神"最早的意思是"马术"。中世纪的骑士，与其他士兵或雇佣兵有很大的区别，骑士拥有攻击力很强的武器、精良的装甲、快而强壮的马，这些都是骑士身份的象征。正如骑士不可能从领主那里得到铠甲一样，马也是骑士们自己通过各种途径弄来的。好多骑士都能通过继承获得铠甲，但是马匹却不行，它们都有固定的服役期限，太老的马就不能用了，因而从父辈那里继承战马的人并不多。铠甲和马匹是骑士的两大开销，一个骑士之所以能买到一匹马，多半是因为自己的父母在为他攒钱。史诗

▲ 全副武装的骑士与战马

上说，在中世纪，一匹战马的价格和20头奶牛的价格差不多。价格贵不说，采购战马也是一件很难的事。

从某种程度上说，一匹战马的优劣很可能对骑士的作战水平产生很大的影响。马是通人性的动物，要想买到手的马能够娴熟地配合自己作战，必须要经过长时间的相处，所以战马是不能经常换的。好在骑士们已经积累了几个世纪的经验，知道怎样才能买到并驾驭一匹好马。

骑士怎样进行决斗

决斗是在骑士中流行的一种风俗。一般而言，话说三句不投机，一方就可以要求与对方进行决斗。骑士很在乎自己的声誉，不能接受任何人对自己的轻蔑和鄙视，这就是大多数发生决斗的原因。

骑士的决斗仪式并不复杂，提出决斗的人向对方扔出自己的手套，如果对方捡起手套，就表示他接受了挑战。之后，就由应战者规定时间、场地、武器以及公证人等诸多事项。认输、死亡、昏迷是决斗结束的标志，胜利的一方必须留在场地上一天一夜，在此期间，败方的亲友可以提出同胜利者进行决斗的要求以挽回自己亲人的面子。决斗时武器的选择往往会决定双方的生死，所以选择不同的武器进行决斗就决定了决斗的性质。使用斧头表示这是生死决斗；使用枪矛、短剑则是比较一般的决斗。

小贴士

　　在中世纪，每个骑士都有扈从，在骑士宣布决斗时，双方的扈从也可以彼此之间宣布决斗，时间、地点都和骑士相同。骑士与骑士、扈从与扈从之间的决斗是单独进行的，并不互相影响。如果双方骑士都有很多扈从接受决斗，那最后的决斗场面就会发展成一场斗殴。

▼ 骑士决斗

火枪手一出现就取代了骑士的地位吗

　　许多科普书和历史读物都反复强调火药的出现对骑士阶级没落的影响，使人有一种"火枪一响，骑士阶级就灭亡了"的印象。但事实上，骑士直到第二次世界大战才退出历史的舞台。由此看来，并非火枪手一出现就取代了骑士的地位。

　　事实上，火枪刚被发明的时候根本就打不透骑士甲。大仲马的名著《三个火枪手》证明了这一点，当时火枪的威力与长矛和弓弩的威力差不多，骑士们完全可以与之抗衡。经过前后 2 至

▼　荷兰画家伦勃朗作品《夜巡》

3个世纪的时间，火枪威力逐步增强，火枪技术才真的能够置骑士于死地。但是这时候，作为封建土地主，骑士阶级本身早就因为资产阶级的兴起而走向没落了。事实上火枪的普遍应用刺激了城堡防御工事的发展，城堡用于防御的简单木桩渐渐变成了木栅栏、木城寨，最后开始增添铁丝网、战壕等工事，这些工事对骑士的威胁比火枪手对骑士的威胁还要大。当骑士被铁丝网限制到一小块地方时，无论他被弓弩射中、被投石机的石头砸中或被火枪射中，其结果都没太大区别。因此可以说，真正置骑士于死地的主要是防御工事，而不是火枪的威力。

除了威力上的差别之外，还有一种特殊的"情感"促使火枪手与骑士两种职业并存，那就是对"骑士精神"的尊重，因而，在火枪可以击穿骑士铠甲的16世纪，火枪手们在面对骑士时宁肯丢下火枪而拿起长矛抵挡。

为什么法国的骑士名气最大

欧洲的骑士制度起源于加洛林王朝的法兰克王国，事实上法兰克王国不但是骑士兴起的国度，也是一个培养了无数优秀骑士的地方。甚至可以说，与欧洲的其他国家相比，法国骑士是最成功的。现在，让我们一起来分析分析法国骑士功成名就的原因吧。

有些史料认为，法国骑士之所以成功，是因为法国的地势以平原为主，有利于骑士施展才华。但是这种说法并不完全合理，如果平原越多则骑士越强，那应该是俄罗斯的骑士最成功才对呀！事实上，法国骑士之所以成功，和法国土地继承制度的性质是分不开的。法国的继承制度和英德等国家的长子继承制完全不同，法国人是把产业平均分给每个孩子。这样一来，造成了两个结果：一是法国骑士的数量多了，二是法国的骑士变穷了。这种局面使得法国骑士在简化铠甲方面作出了很大的努力，铠甲一简化，为了不让敌人伤到自己，法国骑士就只有提高自己的作战能力了。因此，法国骑士总是能够使用最便宜的长矛，准确地扎在外国骑士的铠甲上。

◀ 法国骑士

正是因为穷，法国骑士才没有躲在城堡里逍遥度日的兴致，他们更乐于到沙场上拼杀一番。许多法国骑士甚至在没仗可打的时候到他国去应征雇佣军参战。

德国骑士何以留下骂名

欧洲各国的骑士由于国情、传统的不同，显得各有特点。法国的骑士因为贫穷而显得十分上进，与前者相比，德国的骑士虽然英勇善战，但却没留下什么好名声。

德国骑士似乎总是给人们留下一种自吹自擂的印象，与其他国家的骑士相比，德国骑士的装备显得很一般，但是他们却吹嘘自己的装备是最好的。中世纪被称为"骑士时代"，许多国家的骑士在中世纪争得了一世英名，德国的骑士却在中世纪背上了残忍、卑鄙、无耻等骂名。其实，这都要怪乌里尔希。乌里尔希是十字军骑士团的宗师，他在战场上把圣物绑在身上，使得其他基督教徒不敢对他下手，从而用这种卑鄙的手段保全性命，取得胜利。尽管如此，德国人还是把乌里尔希的雕像陈列在各大教堂里，这就使得人们有了一种德国骑士都是一丘之貉的感觉。

除此之外，德国骑士似乎还有往自己脸上贴金的行径。他们认为自己作为日耳曼人的后代，应该是所有骑士的祖先，并以此自居，因而将欧洲各地的著名骑士都称为德国骑士，并将他们的牌位陈列在自己的教堂里。

▶ 德国骑士

为什么说意大利的骑士徒有其表

　　虽然意大利骑士不像德国骑士那样臭名昭著，但是与其他国家的骑士相比，意大利骑士却给人"徒有其表"的感觉。当然，这是由各种社会因素造成的。

179

罗马是教廷所在地，因而意大利人成了教皇脚下的臣民。由于时时刻刻受到教皇的熏染，意大利骑士的宗教气味和贵族气味就显得比较浓重，这使得他们总是高举"为上帝效忠""仁慈道义"的旗帜，却在实战方面显得很逊色。意大利是艺术的国度，那里的手工业也相对发达。在中世纪，意大利盛产著名的米兰铠甲、比萨银饰、罗马丝绸以及威尼斯"装酷"用品，这些东西主要用来出口创收，但是意大利骑士近水楼台先得月，总是把自己的心思放在完善装备上。意大利的骑士看起来应该是最英勇的，实际上一上战场，其战斗力却弱得离谱。

以上观点有许多骑士故事和传说可以证明。在历史上，意大利骑士很少有在没有援军的情况下大胜而归的记录。

▼ 意大利骑士雕像

阿拉伯骑士与欧洲骑士有何不同

　　一般人们认为骑士制度起源于欧洲，东方根本就没有骑士。事实并非如此，在阿拉伯国家，骑士制度也很健全，而且阿拉伯骑士绝对不比欧洲的骑士差。但毋庸置疑的是，阿拉伯骑士和欧洲骑士是有很多不同之处的。

▼　阿拉伯骑士

阿拉伯骑士与欧洲骑士在装备上有很大不同。来自北非的"侵骑兵"在阿拉伯骑士中非常有名,他们骑着高头大马、身体强壮、轻装上阵,双手各拿一把沉重的长刀作武器。沙特一带有一种蒙着丝绸面纱的"夜骑士",他们骑着不会叫的小马,手中的弯刀只有在离敌人两三米远的距离才会出鞘,就像骑士世界中的忍者。至于战奴"马木留克",他们是纯正的骑兵战斗部队,骑着骆驼行动。开始他们把羽毛状的飞刀叠成两排像翅膀一样装饰在身后,后来他们用上了柯尔特左轮手枪,装备得很像美国的西部牛仔。

什么是"蒙面骑士"

骑士上战场的时候,大多戴着头盔,身披铠甲。骑士戴头盔并不是出于害羞或是怕对方认出自己,而是为了保护自己的头部免受伤害。但是,在古代欧洲的战场上,不难看到一些蒙着面的骑士,这就是"蒙面骑士"。

用一块布蒙着脸并非出于保护的目的,他们这么做其实另有打算。在古代,"蒙面骑士"属于雇佣兵。法国骑士总喜欢在闲着没仗打的时候到他国参加雇佣军,以此赚取外快。有许多国家在国难临头的时候,也会主动招募蒙面骑士参加军队。在战场上,蒙面骑士蒙着脸,可以使领主一眼就认出他们不是本国的骑士。因为一直蒙着脸,所以没有人知道这些蒙面骑士来自哪里。在人们面前,他们总是穿着宽大的长袍,戴着头盔或是用布蒙着

脸。蒙面骑士有着不愿被人知晓的秘密，许多蒙面骑士是不受军队欢迎的，比如女人、叛徒和通缉犯，因而没有人会愚蠢到想要弄清一个蒙面骑士的真面目。

在战争中，蒙面骑士和其他骑士部队一样接受指挥，战斗结束后，他们领取一次性的物质奖励，然后悄悄地消失在庆祝胜利的人群之外。

"重装俄罗斯骑士" 有什么特点

俄罗斯横跨欧亚大陆，由于受到欧洲文化的影响，也有非常灿烂的骑士文化。俄罗斯的骑士有一个独特的名字，叫作"重装俄罗斯骑士"。通过这个名字你或许就能想到俄罗斯骑士的特点，还是让我们一起来看一看吧！

所有的资料都对俄罗斯骑士有这样的描写：他们穿着圣诞老人一般的红袍，戴着教堂房顶一样的洋葱形头盔，穿着独木舟一样的大靴子，骑着面相凶狠的高加索战马。俄罗斯农奴的悲惨生活是俄国小说的重要题材，俄罗斯土地主的强壮也是闻名世界的。这些地主都有骑士的封号，他们在参战前总要喝下大量的伏特加，以增强体力，他们身上的铠甲重量也是欧洲其他国家骑士铠甲的好几倍。这就是他们被称为"重装骑士"的原因。他们身高体大，武艺高强，以长矛和高加索长刀为武器，只有大炮和长时间战斗才能击败他们。

欧洲骑士一看到俄罗斯骑士，通常就会吓出一身冷汗，幸亏

▼ 俄罗斯重装骑士

俄罗斯骑士对南方的土地没有兴趣，否则欧洲的骑士们一定会惨败在他们的手下。

什么是圆桌骑士

在欧洲有许多大名鼎鼎的骑士，他们名留青史，成为骑士小说中的主人公以及人们心中的英雄。说起英雄骑士，就不得不提起圆桌骑士。

喜欢骑士小说的人一定对《亚瑟王之死》这部小说很熟悉，读了这部小说，就一定知道什么是"圆桌骑士"了。"圆桌骑士"是亚瑟王的高等骑士，他们之所以有这个名字，是由于他们聚会时的那张桌子是个圆桌。亚瑟与王后格尼薇儿结婚的时候，格尼薇儿的父亲将自己的一张大圆桌送给亚瑟王当作结婚礼物。那张圆桌本来就是格尼薇儿的父亲供自己麾下的骑士聚会用的，后来亚瑟王也是这样使用的。能够与国王同桌议事，可想而知，圆桌骑士都是亚瑟王手下最了不起的骑士。这些骑士来自不同国家，甚至有不同信仰，但是他们都宣誓效忠亚瑟王。每年，亚瑟王都会将骑士们聚集到卡米洛城堡，围绕着圆桌议事。

长条桌有主次对立的感觉，而圆桌则象征着"平等"和"团结"。正因为如此，所有"圆桌骑士"都彼此平等，并且互为伙伴，这也正是他们战无不胜的原因。

▲ 亚瑟王和圆桌骑士

扑克牌上的黑桃 J 讲的是谁的故事

　　每个人对扑克牌都不陌生。如果仔细观察，就会发现扑克牌上不但有国王、王后，还有骑士。现在，就让我们一起看看扑克牌上的黑桃 J 讲的是哪个骑士的故事吧！

　　黑桃 J 其实就是骑士霍格尔。霍格尔是丹麦第一位基督教国王杰奥夫雷的儿子。公元 8 世纪，杰奥夫雷被查理曼打败，将儿

◀ 扑克牌中的黑桃 J

子霍格尔作为人质送到了查理曼的宫殿中。霍格尔虽身处异国，却仍保持着王子的勇气和风度。在倭马亚王朝的大军入侵时，他奋勇作战，立下赫赫战功，得到查理曼的赏识。后来，霍格尔失手杀死了查理曼的儿子，逃回了丹麦，查理曼进军丹麦，霍格尔在他的城堡进行了 7 年的抵抗。在穆斯林军队再次入侵时，他又顾全大局与查理曼一起抵抗共同的敌人，因而名留史册。

小贴士

　　欧洲的骑士故事中不乏关于霍格尔的传说。在《罗兰之歌》里，霍格尔被传诵为查理曼的十二骑士之一。直到现在，在丹麦卡隆堡宫地下室的通道入口处，还耸立着这位抚剑而睡的勇士的雕像。

袜带骑士团是由谁建立的

　　在英格兰，最著名的勋位是创立于 14 世纪中叶的"嘉德勋位"，又译为"袜带骑士团"。它的设立完全是因为一次小小的意外。

　　传说在 1347 年，英国的爱德华三世国王准备在著名的温莎城堡举行一场"圆桌骑士格斗"，在决斗之后再建立一个"圆桌

▲ 爱德华三世

骑士团"。在圆桌骑士格斗举行之前的舞会上，美丽的索尔兹伯里伯爵夫人的一只蓝色袜带掉了下来，国王将它捡起，缠在自己的腿上，这引得旁观者一阵大笑。国王生气了，说："凡是嘲笑这件事的人都应该认为自己是可耻的。"舞会过后，国王打消了建立圆桌骑士团的计划，他要建立一个"袜带骑士团"。而他在舞会上说的那句话也因此成了建立袜带骑士团和以后颁发嘉德勋位时的格言，这句话同蓝色袜带、圣乔治十字架图形一起出现在

189

勋章上，鼓励武士们在战争中蔑视死亡，奋勇杀敌。

爱德华国王自己就是袜带骑士团的一员。他经常同自己的骑士们一起在圆桌前围成一圈商量各种事宜，一起进餐，并且多次出面主持骑士比武。国王的这些行为使渐渐衰落的骑士精神得到了提倡，嘉德勋章也理所当然地成为了后来英国最著名的贵族勋章。

现在还有骑士册封制度吗

在古代，当一名"见习骑士"的学习生涯结束时，就要参加宣誓仪式和授衔仪式，只有如此才能被册封为骑士。骑士制度是在军事采邑制的基础上形成的。现在，欧洲各国已经进入了资本主义社会，骑士也成了一种名存实亡的社会阶层。那么，骑士册封制度还存在吗？

自出现以来，骑士阶层不断发生着变化，其册封制度也有许多相应的改变。但是，直到现在，许多欧洲国家仍然有骑士册封制度。法国的"骑士勋章"是由拿破仑设立的一种荣誉勋章，原本主要用于奖励在战争中立下功勋的法国公民。1963年，法国的戴高乐将军建议在法国重新设立"骑士勋章"，骑士勋章从此就成了法国的最高荣誉。骑士勋章直到现在仍在颁发，不仅颁发给有杰出贡献的法国公民，还颁发给那些为法国对外关系做出杰出贡献的外国公民。比起法国骑士勋章，英国的嘉德勋章是一个更

▲ 挪威荣誉勋章

古老、也更难获得的骑士勋章。现在，包括英国国君在内，只有 25 名在世的佩戴者。

现在，如果有一个人想要成为骑士的话，就必须想办法做出一番成就，并且得到骑士勋章制度所在国颁发的勋章。只有这样，才算经过骑士册封，成为一名真正的骑士。

第六章

城堡中的历史

城堡是一个古香古色的字眼。童话里的城堡让人感觉美好又温馨，而皇室居住的城堡则令人肃然起敬。城堡代表了一个时代，代表人类的文明，是一个历久弥新的话题。

人们虽然总是提起城堡，但是并不见得对城堡有深入的了解。到底什么是城堡？城堡是如何演化而来的？随着时间的推移，城堡的形式和功能又有哪些变化？现在还有城堡吗？想要了解这些问题，可是要下一番功夫的。现在，让我们一起走进城堡的世界，探索关于城堡的秘密吧！

什么是城堡

我们对"城堡"这个名词并不陌生，甚至一听到这个词就会想起许多具有特色的城堡，但要是让我们具体说说城堡是怎样的，又不知如何表达，这样一来，城堡对我们而言，就成了"熟悉的陌生人"。那么，到底什么是城堡呢？

城堡指的就是城池和堡垒，它是欧洲文化的产物。城堡的英文是 castle，意思是"小型的武装建筑"，体现了城堡的防御功能。

▼ 城堡

中世纪是建筑城堡最多的时期，因为当时欧洲的政治格局十分混乱，贵族为争夺土地不断地发起战争。频繁的战争导致贵族们不停地修建更多更大的城堡，以此来守卫自己的领地。除了有军事上的防御作用，城堡在扩张领土和巩固政权方面也有很大的作用。

随着历史的发展，城堡的形式有很多变化，既有圆顶的也有尖顶的，既有石墙的也有砖墙的，普遍有塔楼和垛口。城堡一般由领主和贵族私人居住。随着时间的推移，城堡更多地具有了居住的特点，因此也就成了童话故事里的"常客"。

我们一定要注意城堡是"多面性"的，绝不能以偏概全。如果你不深入研究，便不能真正地了解城堡。

最原始的城堡是什么样的

城堡从最初产生，到现在拥有各种不同的形式，这期间历经了翻天覆地的变化。现在高大复杂的城堡，也是由最原始的城堡演化而来的，那么，最初的城堡是什么样的呢？

城堡出现得很早，那个时候建筑水平普遍低下，所以早期的城堡也十分简易，后来的建筑学家称那种简易的原始城堡为"土堆与板筑"。土堆就是以泥土筑成的土堤，有一定宽度和高度，所以可以起到很好的保护作用。有土堆之后，堡主会在土堆上面修建木制的箭塔，土堆的下面则用木板围起来，用木板围起来的部分叫作板筑。箭塔是用来瞭望的，和后来城堡的箭塔功能很相

▲ 原始城堡

似，板筑则可以当作仓库，圈养家畜或是供人居住。因为"土堆与板筑"的抵御能力有限，堡主往往很重视水的御敌作用，因而，最初的城堡就像一个小岛，周围被水环绕着。这些水是人工挖掘后注入的，也就是所谓的壕沟。壕沟上有一座桥梁，可以连接城堡和外界。平时桥梁是放下的，供人进出，打仗的时候，如果守不住板筑，士兵就会退到箭塔里面，收起桥梁，让敌人无法进到城堡里来。

最原始的城堡的确十分简单，但是它"麻雀虽小，五脏俱全"。

石头城堡是何时开始出现的

最初的城堡是用泥土和木板建筑的，很不结实，时间久了就会倒塌。石头城堡的出现，让历史上的古堡得以保存下来，供后人参观。石头城堡是何时开始出现的呢？

　　石头城堡产生的原因有两个：一是政治局势的动荡，战争频发；二是技术水平提高了，也有了一定的物力和财力。这两个因素都具备，是在欧洲的11世纪。11世纪是个动乱的年代，贵族们纷纷占据自己的势力范围，他们发现泥土和木头筑成的城堡无法巩固自己的统治，于是有了以石头代替泥土和木材来建筑城堡的想法。石头城堡是在泥木城堡的基础上演变而来的。首先，建在土堤上的木制箭塔被改成了石质的，这些用巨大的石块建成的"箭塔"就是后来的箭塔或要塞的原型。然后就是墙体的改造。人们并非将所有的板筑都推翻重建，而是用石块包裹旧的板筑。这样做，一是省时省力，二是在改造的同时利用了原城堡的

▼ 石头城堡

197

抵御功能。加石头之后，相当于给原来的泥木城堡加了一层石头外壳，既美观又坚固。

11 世纪，人们慢慢改用石头修建城堡了。也正是如此，那些古老的城堡历经风霜，却仍然能屹立到今天，石头城堡的出现，为人类建筑史增添了一道亮丽的风景！

什么是方形城堡

简易的城堡外形也比较简单，通常都是规则的方形。现在让我们来了解一下方形城堡吧！

方形城堡又叫主塔式城堡或者地牢式城堡。这种城堡多出现在 11 至 12 世纪期间。方形城堡的外形与我们现在见到的多数城堡很相似，这种城堡一般都是用石头来砌墙，它的墙砌得很高，墙体也很厚实。与原始的"土堆与板筑"城堡不同，这样的城堡不能建在土丘上。这是因为，与泥土和木板相比，石块的重量要大得多，土丘根本就承受不了。此外，方形城堡还有一个非常有意思的特点，那就是这种城堡唯一的入口不是在一楼而是在二楼。另外，城堡的墙壁上开有很多窗口，在城堡里面就能瞭望外面，入侵者想要进入城堡就绝非易事了。

方形城堡是城堡的基本形式，虽然城堡已有千年的演变史，但是方形一直都是城堡建筑较好的外形选择。相较于圆形城堡，方形城堡易于修建，只要测量好城堡的长和宽，就不会出什么差

▲ 方形城堡

错了。方形城堡的箭塔也是方的，这是考虑到城堡整体的协调。
我们非常熟悉的伦敦塔，就属于这个类型。

同心圆形城堡的优势在哪儿

　　同心圆就是一个圆套着另一个圆，而这些圆拥有同一个圆
心，只是半径不同。同心圆形城堡的修建，最大的目的就是提高
城堡的军事防守功能。现在让我们看看这种城堡有什么优势吧！
　　同心圆形城堡从中心点向外扩展，由两堵或更多的环形城墙
包围。因为多一层城墙就多一层防护，所以，同其他城堡相比，
要攻陷这种特殊结构的城堡难度系数加大了很多。现在我们来详

细地说明一下：如果攻陷一座只有一层城墙的圆形城堡需要一万兵力的话，攻陷一座有两层城墙的同心圆形的城堡，就至少需要两万兵力。不得不说，大多数同心圆形城堡可不是只有两层城墙，它们多像洋葱那样，一层包一层。当敌军攻第一层城墙时，城堡中的士兵就在第二层城墙上做好了应战的准备。攻城者就会被里外夹击，从而完全攻陷城堡的难度可想而知。这样一来，守城成功的概率就大大提升了。

小贴士

同心圆形城堡防止"变节"的功能也不可小视。因为变节者同样要击破好几层的防卫才能彻底占领这座城堡。

▼ 同心圆形城堡遗址

火炮的诞生对城堡有何影响

　　中国人发明的火药被西方人用于军事领域后，世界上许多领域都发生了巨大的变化。不可思议的是，城堡竟然也受到了火炮的影响，这些影响都表现在哪些方面呢？

　　城堡的最大作用就是用于战略防御，在冷兵器时代，城堡的防卫者与攻城者相比占有更大的优势。15 世纪中期以来，有战斗力的攻城大炮逐渐被用于两军交战。兵来将挡，水来土掩，火炮的威力提升了，守城人不得不重新设计城堡来抵抗侵略。之前

▼ 斯洛伐克斯卡宾纳城堡遗址

的城墙往往高耸而陡峭，这种城墙大炮一轰就会坍塌。于是，高墙峭壁很快就被低矮倾斜的城墙代替了，因为这样可以减缓大炮的冲击力。遗憾的是，虽然有了改进，城堡依旧很难抵抗火炮的威力。

由于王权的大肆扩张，到了 15 世纪中期，作为战略要塞的城堡已经开始渐渐衰落了。许多城堡被废置，有的甚至成为一片废墟。但是仍有一部分城堡为贵族所保留，他们大刀阔斧地对城堡进行了一番修整，使其更有居住价值。正是在这种背景下，城堡完成了从军事功能到居住功能的转变。

小贴士

军事功能的衰退并非城堡时代的结束，城堡在丧失这一功能之后，又被赋予了新的意义，摇身一变，变得更有吸引力了。

箭塔有什么作用

箭塔是城堡的重要组成部分。箭塔既不能用来居住，也不能当作仓库，那么城堡内建这么多箭塔有什么用呢？

城堡的最大功能就是军事防御，箭塔正是为了实现这一目的而修建的。箭塔上有小小的射击口，射击口上还有一块活动的小木板，弓箭手可以安全地躲在箭塔里，透过射击口向外射箭。敌人在明我在暗，这样在守城时当然占优势了。正是因为如此，对于一座城堡来说，箭塔是坚固的据点，可以说，箭塔的分布和数量决定了城堡的防御功能的强弱。箭塔主要分布在城墙和城角上，依固定间隔而设。城墙上的箭塔一般突出在城墙的外面，箭塔中的守卫者可以沿着城墙对外射击，城墙上的守卫者还可以随时到箭塔中补充兵力。而城角的箭塔，则使守卫者有更多的攻击方向，他们可以向着不同的角度射击。在城墙和城角上修建箭塔，可以让守城人在各个方向保卫城门，以此来抵抗敌人的入侵。

正是因为在防御上功不可没，箭塔才成为城堡不可或缺的一部分。不得不提的是，有些城堡一开始时只建了一个简单的箭塔，后来不断扩建，渐渐地成为具有城墙、内部要塞和附加箭塔等的复合城堡。

▼ 箭塔

城垛是用来做什么的

在城堡的演进史上，城墙和箭塔都在不断地被强化，以提高城堡的防卫功能。城墙具有抵挡弓箭或其他投射武器攻击的功能。但是如果城墙上缺少了城垛，城墙顶端防卫兵的防御力定会大为降低；因而城垛的重要性是不容忽视的。

城垛可以起到掩护的目的，使防卫者可以站立作战。城墙上设置的垛口，可以让防卫者向外射击。垛口是城墙上呈凹凸形的短墙。和箭塔上的射击口相同，为了加强防御，可以在垛口上加上活动的木板门，敌人要将弓箭射进狭小的射击口是十分困难的，

▼ 城垛

但是从射击口射向敌人则要方便得多。在防守的时候，垛口上活动的木板门还可以从城墙或箭塔的顶端伸出，方便守卫者直接在里面射击墙外的敌人。一些战略家还会想出一些其他的防御方法，他们在木质平板上投下石头或是沸腾的液体。这样一来，攻城者就被石头砸死或烫伤，再也无法攻城了。除此之外，城垛的设置还能起到营救伤员的作用。因为守卫者在射击时受伤后，可以躲在城垛的后面，得到完全的保护，以待医务人员前来救援。

城垛巧妙地营造了一种"敌明我暗"的战略优势，其防御价值不容小视。

城堡的护城河运用了什么御敌原理

中国有个成语，叫作"固若金汤"，形容城池或阵地坚固，不易攻破。金指的是金属造的城；汤则是指灌满滚水的护城河，而这"滚水"则巧妙地突出了护城河的作用。那么，护城河的御敌原理是什么呢？

为了提高城堡的御敌能力，城堡的主人总是会在城墙外再加一道护城河。除了极个别依河而建的城堡外，大多数城堡的护城河都是人工挖掘而成的。有了护城河之后，城堡和外界的唯一连接点就是吊桥了。吊桥在敌军来犯时会迅速收起，如此一来，敌人就无法越过护城河攻城了。敌军可能会要填平护城河的某一段，筑造一座"桥梁"以供军队通行，但是，城墙上的守卫会在

▲ 被护城河包围的城堡

他们做这件事时展开攻击，达到先发制人的目的。若敌军选择用船渡河的话，守卫也可以在船到岸之前就将敌军杀死。更重要的一点，护城河的存在使云梯等攻城器械没有了用武之地。因为梯子不可能架在水中或是架在船上。

加上一道护城河，城堡的防御能力顿时提升不少。毋庸置疑，堡主如此耗时耗力地修造护城河是值得的。

城堡为什么要建暗道和密室

介绍了那么多，我们已经了解了城堡的大概构造。城墙、箭塔和城门都是我们一眼就能看到的，其实，城堡里还有一些十分重要的设施——由于它们修建得很隐秘，所以轻易看不到。

　　看过有关欧洲古代的电影的人，对暗道和密室一定不陌生。其实，但凡大一些的城堡，都有暗道和密室。但是，通常只有城堡的主人知道暗道和密室的入口在哪里，因而它往往随着城堡主人的逝世而不为人所知。很显然，暗道和密室既不能用于居住也不能用来存放东西。那么，建筑暗道和密室到底有什么用呢？其实，它们是用来逃生的。城堡的主要作用是防御，但是即使城堡固若金汤，也不能保证它永远都不会被敌人攻破。倘若敌军占领了城堡却没有逃生的后路，城堡的主人不就只能束手就擒了吗？但凡是有打算的人，在建筑城堡之初就考虑到了这一点，因此他们也都会在暗道和密室上下很大的功夫，给自己留条逃生的后路。

▼ 城堡暗道

修造暗道和密室是十分聪明的，就像中国古语所说的"未雨绸缪""防患于未然"，否则等到被抓的那一天，说什么都晚了！

用于居住的城堡有什么特点

随着城堡军事功能的弱化，城堡摇身一变，成了供人居住的建筑。既然功能发生了变化，城堡的特点也肯定和原来不同了。

▼ 用于居住的城堡内景图

那用于居住的城堡到底都有哪些特点呢？

首先是城墙的退化。城墙是用来阻隔敌军的，以前，一座城堡可能会有好几重城墙，以防止敌军侵入城堡中来。现在，既然不再用城堡御敌了，城堡的主人也没必要建好几层城墙给自己添麻烦，建一层城墙就可以了。其次是城堡的墙壁也发生了变化，变得更薄了。原来用四五层砖砌成的厚城墙现在只用两层就可以了。人们总喜欢自己的居室是亮堂堂的，所以用于居住后，城堡的窗子也变得更大了。之前城堡的窗子又小又隐蔽，因为这样才能达到更好的防御效果。除此之外，城堡的室内设施也相应地发生了很多变化，城堡中原有关押俘虏的监狱和瞭望塔消失了，取而代之的是厨房、客厅等。

无论城堡发生了怎样的变化，这些变化都是为其功能服务的。我们只要想想自己住的房子是什么样的，就能猜出用于居住的城堡有什么特点了！

城堡中的人们如何保存食物

现在，每家每户都有冰箱，食物吃不完的话，往冰箱里一放，可以保存很多天也不会坏掉。在古代可是没有冰箱的，城堡里住了那么多人，要吃那么多东西，又不能每天都出去购物，他们是怎么保存这些食物的呢？

古人可是一点儿也不比现代人笨，他们会充分利用大自然提

▲ 储存葡萄酒的城堡地下室

供的便利。虽然没有冰箱，城堡里的人保存食物却有另外一件法宝——地下室。地下有一种独特的性质，到了一定深度以后它的温度就不会再降低了，而是常年保持一个基本恒定的温度，科学家们给这一层起了一个名称，叫"恒温层"。再往下因为越来越接近地心，温度反而逐渐升高。有了这样一个温度稳定不变的地层，不管什么季节，人们都可以把蔬菜、水果、面包、酒类和肉类统统放入地下室，它们就会得到很好的保存。

如此看来，地下室就像是城堡的冰箱，当然，它的容量可比十个冰箱的容量还要大。在这里储藏食物可以起到较好的保鲜作用。

莎士比亚创作《麦克白》的灵感从何而来

在莎士比亚的戏剧作品《麦克白》中，麦克白将军因听信三个女巫关于他"会成为国王"的预言，而杀死国王并登上了王位。为了铲除异己，他使苏格兰陷入混乱之中，自己也遭受着良心的谴责，过着担惊受怕的日子。后来先王的两个儿子率领军队来攻打麦克白，麦克白战败身亡了。这是莎士比亚的四大悲剧之一《麦克白》的基本剧情，跌宕起伏，扣人心弦。莎士比亚是从哪里获得这些灵感的呢？

格拉米斯城堡是苏格兰一座既有英国韵味又有法国风情的建筑。然而，这座城堡的名声更多源于其奇异的传说。在 16 世纪初期，有人在城堡旁边发现了一座奇怪的石像，雕刻着两只正在搏斗的怪兽。看到雕刻后，人们众说纷纭。很多人都认为这座石像很可能象征基督教与其他宗教的斗争。研究者认为，大文豪莎士比亚据此获得灵感，以格拉米斯城堡为背景创作了著名的悲剧《麦克白》。

据说，当时苏格兰国王就是在这座城堡中被人谋杀的，而这位国王正好是麦克白的祖父。受到该说法的启发，莎士比亚把格拉米斯城堡当作了麦克白杀兄夺位故事的背景。《麦克白》对人们影响很大，格拉米斯城堡也因此声名远扬。

▲ 莎士比亚雕像

▼ 格拉米斯城堡

卡隆堡宫讲的是谁的故事

丹麦的小城海尔辛格，被安徒生称为"丹麦最美丽的一角"。这里有一座气势恢宏的城堡，赫然屹立在半岛的最顶端，它就是卡隆堡宫。这座城堡的神秘之处，在于它和一个很著名的人有着密切的联系，那个人是谁呢？

哈姆雷特！对，正是莎士比亚笔下的那个忧郁的丹麦王子。哈姆雷特是莎士比亚著名的四大悲剧之一《哈姆雷特》中的主人公，他的叔叔谋害了他的父亲，又娶了他的母亲做王后，他一心想报仇，但又怕引起国家的动乱。哈姆雷特是一个塑造得非常成

▼　卡隆堡宫

功的人物形象，莎士比亚不但重视人物的刻画，还注意戏剧中场景的布置，以此来烘托剧作的主旨。1599 年，刚开始执笔写《哈姆雷特》时，莎士比亚选中了卡隆堡宫作为故事的背景。有趣的是，莎士比亚并未亲眼见过这个城堡，但是这个代表了丹麦海上霸权的城堡在当时已经名扬四海了，再加上莎士比亚丰富的想象力，大家观众看《哈姆雷特》时，便仿佛真的到了卡隆堡宫。

卡隆堡宫是作为征税的关卡而建的，150 年后，国王用征来的关税再将其扩建成豪华宏大的宫殿。卡隆堡宫扼守着海峡的要塞，成为丹麦皇家权力威严的象征。

伦敦塔都扮演过什么角色

伦敦塔在官方的名称为"女王陛下的宫殿与城堡，伦敦塔"。这就显示了它的主要作用是作为宫殿供统治者居住的。但是住在伦敦塔中的最后一位统治者是几世纪前的詹姆士一世，自那以后，伦敦塔就不再作为宫殿供皇室成员居住了。在历史上，伦敦塔都扮演过什么角色呢？

首先是保卫或控制全城。城堡本来就是用来保卫堡主的土地的。伦敦塔的这个作用正好体现了城堡最本质的功能。伦敦塔是政府办事机构，也是举行会议或签订协约的王宫，历史上有许多重要的会议和签订协约的活动都是在这里进行的。除了这些光鲜的角色外，伦敦塔还曾充当过国家监狱的角色。有趣的是，一般的罪犯可进不了这座监狱，从古至今，伦敦塔里关押的都是对英国来说最危险的犯人。除此之外，伦敦塔还充当过造币场的角色，它曾经是全英国唯一的造币场所。而且，这里还储藏过军事武器，是珍藏王室饰品和珠宝的宝库，也保存着国王在威斯敏斯特法庭记录的大量档案。

　　一座城堡，经历了上千年的风雨，扮演过如此之多的角色，人们的记忆在它的身上一层一层地沉积，难怪它在英国人民的心目中无比重要。

▼　伦敦塔

为什么说新天鹅堡是"童话中的城堡"

新天鹅堡也叫"白雪公主城堡",是德国的象征。德国人认为新天鹅堡是"童话中的城堡",因为城堡的建造很有戏剧性,就像一个现实版的童话。

最初,新天鹅堡是按照德国国王路德维希二世的梦想设计的。这位国王虽然在治理国家上没有太多才能,却是个艺术爱好者。他十分喜欢著名剧作家瓦格纳的歌剧,受到瓦格纳歌剧的影响,他想建一座传说中白雪公主居住的城堡。这座城堡,是这位

▼ 新天鹅堡

国王想要逃避现实，为了让自己感到快乐与自由而缔造的世界。这座城堡坐落在高高的山上，四周被山和湖泊环绕，一年四季，风光各异。这座城堡犹如人间仙境，如果你到那里，就很容易联想到关于魔法、国王和骑士等古老的传说。

新天鹅堡如此美丽，但是路德维希二世却为它付出了怎样的代价啊！因为爱情失意以及对现实不满，他致力于创造自己的童话世界。不料，却因耗费巨大被举国上下一致反对，在城堡落成前夕，他被迫退位，不久后过世。

漂在水上的城堡

护城河可以增强城堡的军事防御功能，有些聪明人也会直接选择在有河的地方建城堡，这样就省得费时费力地去挖沟了。水域越宽，城堡就越安全。那么，有没有直接漂在水上的城堡呢？

世界上还真有这么一座漂浮在水上的城堡，它就是瑞士的西庸城堡。西庸城堡建筑在日内瓦湖畔一块突出湖面的岩石上，远远望去，就好像漂浮在湖水上一样。"西庸"在法语中正是"石头"的意思。它的名字很可能就是来源于它所在的那块突出湖面的巨石。正因为是建在岩石上，西庸城堡才十分坚固持久，地基坚固了，城墙和各种配套设施当然也不易损毁了。由于西庸城堡四周环水，所以和其他城堡比起来显得十分安全。敌人想要攻下城堡，只能在水里同守城者展开斗争，这可一点儿也不占优势。

▲ 西庸城堡

坚固和安全是西庸城堡的两个主要特征。米黄色的城墙再加上红棕色的屋顶，远远看去，西庸城堡显得既柔和又美丽。

西庸城堡不但自身外形美，和周围的景致也很协调，这就更显得美不胜收了。怪不得人们都说，西庸城堡代表了瑞士的美丽与优雅。

哪座城堡被法国人视为值得炫耀的国宝

人们一提起法国的城堡，总会不由自主地想到枫丹白露宫和卢浮宫，但是，在法国人看来，最值得炫耀的城堡并不是它们。香博堡是最令法国人骄傲的国宝，到底是什么使香博堡获此殊荣呢？

　　香博堡是卢瓦尔河谷城堡群中最大的一座城堡，它的布局是中世纪典型的古堡布局。与其他城堡相比较，这座城堡显得有些特殊，它不是一座防御性的城堡，而是法国君王狩猎的行宫。香博堡始建于 16 世纪，距今有大概 500 年的历史，它是大艺术家达·芬奇的杰作，被誉为"法国最美的城堡"。达·芬奇年老之后不再被重用，便离开了艺术之都巴黎。弗朗索瓦一世是个很重视艺术的国王，他继位后将年迈的达·芬奇请回宫廷设计建造一座神奇的城堡。达·芬奇很感念国王对自己的认可，倾尽毕生的才华设计了这座名传千古的城堡。

　　在这座城堡的建筑中，达·芬奇的奇才再一次显露，和他的其他作品一样受人称颂。香博堡在法国人看来，更是值得炫耀的国宝。

▼ 香博堡

熊本城为何有"银杏城"之称

　　熊本城、大坂城、名古屋城合称为日本三大名城。熊本城由著名将领加藤清正用 7 年修成，代表了安土桃山时代的建筑风格。熊本城还有一个名字，叫作"银杏城"，你知道这个名字是怎么来的吗？

　　同其他的许多城堡一样，熊本城也是一座军事防御式的建筑。熊本城的建筑者加藤清正是一位十分有军事才能的将领。他在建筑这座城堡的时候就想到了一件事：万一发生围城战，城内

▼ 熊本城

却得不到食物供应那可怎么办？出于这种考量，他想出了一个好办法，那就是让大家在城堡里大量地种植银杏。除种植银杏树外，连城堡内铺床的材料，也是利用芋头的茎晒干后做成的。这些芋头的茎可以作为围城战时的战备存粮，万不得已时，可以供士兵充饥。

加藤清正不但军事才能了得，他的筑城才能也不可小觑，正是这位将军兼建筑师确立了如今大坂城的确切位置，为日后建成雄伟的大坂城打下了基础。直到现在，学习城市规划的人还会去分析大坂城的布局，可见加藤清正的才华真的不一般。

被改成博物馆的城堡有哪些

在这个日新月异的世界上，人要适应生活的急骤变化，就要不断地改变自己，增加新的知识。在漫漫的历史长河中，城堡的身份也在不断地改变，失去军事功能之后，许多城堡被改造成了住所，还有许多城堡成就更高：它们成了世界著名的博物馆。现在让我们一起看看被改成博物馆的城堡都有哪些吧！

经过几个世纪的风云变化，伦敦塔曾经由防御工事变为国王的住所、监狱、军工场，现在它有了全新的身份，就是成了一座博物馆，其中最吸引人的是珍宝馆，展出有全套的御用珍宝。法国的枫丹白露宫，位于塞纳河左岸的森林中部，它曾经是国王打猎的行宫，现在是一座著名的国家博物馆，宫内有著名的中国馆，馆内陈列着中国明清时期的古画、金玉首饰和景泰蓝佛塔等上千件艺术珍品。法国的卢浮宫是世界上最古老、最大、最著名的博物馆之一，这里藏有被誉为"世界三宝"的断臂维纳斯雕像、《蒙娜丽莎》油画和胜利女神石雕。1793年，卢浮宫艺术馆正式对外开放，成为一个博物馆。

这些世界著名的城堡成为博物馆之后，不但拥有了新的身份，而且还有了更大的名气。作为博物馆，这些城堡所承载的历史就不是城堡建筑本身了，它们包含了整个国家乃至整个世界的文化元素。

▼ 枫丹白露宫